U0236823

水利水电工程施工实用手册

建筑材料与检测

《水利水电工程施工实用手册》编委会　编

中国环境出版社

图书在版编目(CIP)数据

建筑材料与检测 /《水利水电工程施工实用手册》编委会编. —北京:中国环境出版社,2017.12
(水利水电工程施工实用手册)
ISBN 978-7-5111-3423-3

Ⅰ. ①建… Ⅱ. ①水… Ⅲ. ①水工材料—检测—技术手册 Ⅳ. ①TV4-62

中国版本图书馆 CIP 数据核字(2017)第 292910 号

出 版 人　武德凯
责任编辑　罗永席
责任校对　任　丽
装帧设计　宋　瑞

出版发行　中国环境出版社
　　　　　(100062 北京市东城区广渠门内大街 16 号)
　　　　　网　　　址:http://www.cesp.com.cn
　　　　　电子邮箱:bjgl@cesp.com.cn
　　　　　联系电话:010-67112765(编辑管理部)
　　　　　　　　　　010-67112739(建筑分社)
　　　　　发行热线:010-67125803,010-67113405(传真)
　　　　　印装质量热线:010-67113404
印　　刷　北京盛通印刷股份有限公司
经　　销　各地新华书店
版　　次　2017 年 12 月第 1 版
印　　次　2017 年 12 月第 1 次印刷
开　　本　787×1092　1/32
印　　张　6.625
字　　数　177 千字
定　　价　20.00 元

《水利水电工程施工实用手册》
编 委 会

《建筑材料与检测》

主　　编：张卫军

副 主 编：何润芝　何丽娟

参编人员：雷　皓　周建华　朱　琦　曹增龙

　　　　　胡鹏玉　吴　庆　罗武先

主　　审：田育功　赵良恒

前　言

　　水利水电工程施工虽然与一般的工民建、市政工程及其他土木工程施工有许多共同之处，但由于其施工条件较为复杂，工程规模较为庞大，施工技术要求高，因此又具有明显的复杂性、多样性、实践性、风险性和不连续性的特点。如何科学、规范地进行水利水电工程施工是一个不断实践和探索的过程。近20年来，我国水利水电建设事业有了突飞猛进的发展，一大批水利水电工程相继建成，取得了举世瞩目的成就，同时水利水电施工技术水平也得到极大的提高，很多方面已达到世界领先水平。对这些成熟的施工经验、技术成果进行总结，进而推广应用，是一项对企业、行业和全社会都有现实意义的任务。

　　为了满足水利水电工程施工一线工程技术人员和操作工人的业务需求，着眼提高其业务技术水平和操作技能，在中国水利工程协会指导下，湖北水总水利水电建设股份有限公司联合湖北水利水电职业技术学院、中国水电基础局有限公司、中国水电第三工程局有限公司制造安装分局、郑州水工机械有限公司、湖北正平水利水电工程质量检测公司、山东水总集团有限公司等十多家施工单位、大专院校和科研院所，共同组成《水利水电工程施工实用手册》丛书编委会，组织编写了《水利水电工程施工实用手册》丛书。本套丛书共计16册，参与编写的施工技术人员及专家达150余人，从2015年5月开始，历时两年多时间完成。

　　本套丛书以现场需要为目的，只讲做法和结论，突出"实用"二字，围绕"工程"做文章，让一线人员拿来就能学，学了就会用。为达到学以致用的目的，本丛书突出了两大特点：一是通俗易懂、注重实用，手册编写是有意把一些繁琐的原理分析去掉，直接将最实用的内容呈现在读者面前；二是专业独立、相互呼应，全套丛书共计16册，各册内容既相互关联,又相对独立,实际工作中可以根据工程和专业需要,选择一本或几本进行参考使用,为一线工程技术人员使用本手册提供最大的便利。

《水利水电工程施工实用手册》丛书涵盖以下内容:

1)工程识图与施工测量;2)建筑材料与检测;3)地基与基础处理工程施工;4)灌浆工程施工;5)混凝土防渗墙工程施工;6)土石方开挖工程施工;7)砌体工程施工;8)土石坝工程施工;9)混凝土面板堆石坝工程施工;10)堤防工程施工;11)疏浚与吹填工程施工;12)钢筋工程施工;13)模板工程施工;14)混凝土工程施工;15)金属结构制造与安装(上、下册);16)机电设备安装。

在这套丛书编写和审稿过程中,我们遵循以下原则和要求对技术内容进行编写和审核:

1)各册的技术内容,要求符合现行国家或行业标准与技术规范。对于国内外先进施工技术,一般要经过国内工程实践证明实用可行,方可纳入。

2)以专业分类为纲,施工工序为目,各册、章、节格式基本保持一致,尽量做到简明化、数据化、表格化和图示化。对于技术内容,求对不求全,求准不求多,求实用不求系统,突出丛书的实用性。

3)为保持各册内容相对独立、完整,各册之间允许有部分内容重叠,但本册内应避免出现重复。

4)尽量反映近年来国内外水利水电施工领域的新技术、新工艺、新材料、新设备和科技创新成果,以便工程技术人员参考应用。

参加本套丛书编写的多为施工单位的一线工程技术人员,还有设计、科研单位和部分大专院校的专家、教授,参与审核的多为水利水电行业内有丰富施工经验的知名人士,全体参编人员和审核专家都付出了辛勤的劳动和智慧,在此一并表示感谢! 在丛书的编写过程中,武汉大学水利水电学院的申明亮、朱传云教授,三峡大学水利与环境学院周宜红、赵春菊、孟永东教授,长江勘测规划设计研究院陈勇伦、李锋教授级高级工程师,黄河勘测规划设计有限公司孙胜利、李志明教授级高级工程师等,都对本书的编写提出了宝贵的意见,我们深表谢意!

中国水利工程协会组织并主持了本套丛书的审定工作,有关领导给予了大力支持,特邀专家们也都提出了修改意见和指导性建议,在此表示衷心感谢!

由于水利水电施工技术和工艺正在不断地进步和提高,而编写人员所收集、掌握的资料和专业技术水平毕竟有限,书中难免有很多不妥之处乃至错误,恳请广大的读者、专家和工程技术人员不吝指正,以便再版时增补订正。

让我们不忘初心,继续前行,携手共创水利水电工程建设事业美好明天!

《水利水电工程施工实用手册》编委会

2017 年 10 月 12 日

目录

第一章

绪　论

第一节　水利工程质量检测的基础知识

一、质量检测的有关概念

1. 水利工程质量检测

水利工程质量检测(以下简称质量检测),是指水利工程质量检测单位(以下简称检测单位)依据国家有关法律、法规和标准,对水利工程实体以及用于水利工程的原材料、中间产品、金属结构和机电设备等进行的检查、测量、试验或者度量,并将结果与有关标准、要求进行比较以确定工程质量是否合格所进行的活动。[引自《水利工程质量检测管理规定》(中华人民共和国水利部令第 36 号)]

2. 检测(test)

指按照规定程序,由确定给定产品的一种或多种特性、进行处理或提供服务所组成的技术操作。[引自《检测和校准实验室能力的通用要求》(GB/T 27025—2008),《水利质量检测机构计量认证评审准则》(SL 309—2013)]

3. 质量检验(quality inspection)

通过检查、量测、试验等方法,对工程质量特性进行的符合性评价。[引自《水利水电工程施工质量检验与评定规程》(SL 176—2007)]

4. 水利工程质量检测单位

水利工程质量检测单位是指依法取得相应水利工程质量检测资格的单位。水利部和省水行政主管部门分别对甲级、乙级水质量检测单位实行资质管理。

二、水利工程质量检测的层次

一项水利工程从开工到竣工验收，其质量检测与试验应包括以下几个层次：

(1) 施工单位贯穿整个施工过程的自检。

施工单位自检性质的委托检测项目及数量，应按《单元工程评定标准》、施工规范、施工合同及约定执行。国家《建设工程质量管理条例》(国务院令第 279 号)第三十一条规定："对涉及结构安全的试块、试件以及有关材料，应当在建设单位或者工程监理单位监督下现场取样，并送具有相应资质等级的质量检测单位进行检测。"

(2) 监理单位(项目法人)的复试抽检。

监理单位(项目法人)的复试抽检是为了复核施工单位自检的成果，分为跟踪检测和平行检测。

跟踪检测指在承包人进行试样检测前，监理机构对其检测人员、仪器设备以及拟订的检测程序和方法进行审核；在承包人对试样进行检测时，实施全过程的监督，确认其程序、方法的有效性以及检测结果的可信性，并对该结果确认。跟踪检测的检测数量，混凝土试样不应少于承包人检测数量的 7%，土方试样不应少于承包人检测数量的 10%。

平行检测指监理机构在承包人对试样自行检测的同时，独立抽样进行的检测，核验承包人的检测结果。平行检测的检测数量，混凝土试样不应少于承包人检测数量的 3%，重要部位每种标号的混凝土最少取样 1 组；土方试样不应少于承包人检测数量的 5%；重要部位至少取样 3 组。

(3) 项目法人为竣工验收评判工程质量的全面抽检、质量监督部门为掌握工程质量状况所进行的抽检。

该检测主要以工程的实体质量抽检为主，项目法人抽检一般由业主制订检测计划，报质量监督机构批准后委托第三方检测机构实施；质量监督抽检一般根据质量监督过程中发现的问题确定检测内容，并委托第三方检测机构实施。

三、水利工程质量检测的有关规定

为加强水利工程质量检测管理、规范水利工程质量检测行为,根据《建设工程质量管理条例》《国务院对确需保留的行政审批项目设定行政许可的决定》(国务院令第 412 号),水利部于 2008 年发布了《水利工程质量检测管理规定》(水利部令第 36 号),主要内容包括:

1. 对检测单位实行资质管理

检测单位应当按规定取得资质,并在资质等级许可的范围内承担质量检测业务。

检测单位资质分为岩土工程、混凝土工程、金属结构、机械电气和量测共 5 个类别,每个类别分为甲级、乙级 2 个等级。检测单位资质等级标准见《水利工程质量检测管理规定》附件一。

取得甲级资质的检测单位可以承担各等级水利工程的质量检测业务。大型水利工程(含一级堤防)主要建筑物以及水利工程质量与安全事故鉴定的质量检测业务,必须由具有甲级资质的检测单位承担。具有乙级资质的检测单位可以承担除大型水利工程(含一级堤防)主要建筑物以外的其他各等级水利工程的质量检测业务。

2. 对检测人员实行从业资格管理

从事水利工程质量检测的专业技术人员(以下简称检测人员),应当具备相应的质量检测知识和能力,并按照国家职业资格管理或者行业自律管理的规定取得从业资格。

3. 对质量检测相关方的行为进行规范

任何单位和个人不得涂改、倒卖、出租、出借或者以其他形式非法转让《资质等级证书》。

检测单位应当建立健全质量保证体系,采用先进、实用的检测设备和工艺,完善检测手段,提高检测人员的技术水平,确保质量检测工作的科学、准确和公正。

检测单位不得转包质量检测业务;未经委托方同意,不得分包质量检测业务。

检测单位应当按照国家和行业标准开展质量检测活动;没有国家和行业标准的,由检测单位提出方案,经委托方确认后实施。

检测单位违反法律、法规和强制性标准,给他人造成损失的,应当依法承担赔偿责任。

质量检测试样的取样应当严格执行国家和行业标准以及有关规定。

提供质量检测试样的单位和个人,应当对试样的真实性负责。

检测单位应当按照合同和有关标准及时、准确地向委托方提交质量检测报告并对质量检测报告负责。

任何单位和个人不得明示或者暗示检测单位出具虚假质量检测报告,不得篡改或者伪造质量检测报告。

检测单位应当将存在工程安全问题、可能形成质量隐患或者影响工程正常运行的检测结果以及检测过程中发现的项目法人(建设单位)、勘测设计单位、施工单位、监理单位违反法律、法规和强制性标准的情况,及时报告委托方和具有管辖权的水行政主管部门或者流域管理机构。

检测单位应当建立档案管理制度。检测合同、委托单、原始记录、质量检测报告应当按年度统一编号,编号应当连续,不得随意抽撤、涂改。

检测单位应当单独建立检测结果不合格项目台账。

检测人员应当按照法律、法规和标准开展质量检测工作,并对质量检测结果负责。

第二节　施工单位水利工程质量检测工作的开展

及时开展检测工作,取得检测数据,是施工单位进行原材料选择、施工过程质量控制、进行单元工程质量评定的重要手段和技术支撑,应安排专人负责。

施工单位做好检测工作一般应注意以下事项:

(1)制订项目检测计划。工程项目开工前,依据原材料用量计划及施工规模规范的要求,制订包括原材料检测的批次、频次及检测项目参数的计划。

（2）选择合适的检测单位，及时签订检测合同。选择检测单位应考察检测单位的技术实力、资质能力范围，并获取检测单位的资质文件。

检测合同应明确如下事项：检测工程名称；检测具体内容和要求；检测依据；检测方法、抽样方式；检测完成时间和检测成果的交付方式；检测费用及支付方式；违约责任等。

（3）及时抽样送样开展检测工作。依据施工现场原材料进场的情况，确定检测的频次和数量，及时抽样送检，质量检测工作的抽样送样要特别注意时效性。中间产品、混凝土试块到龄期后要注意及时送达检测单位试验室，同时要注意检验的时间周期，如配合比试验、水泥检验等均有较强的试验周期，应根据施工进度安排，确定抽样送样的时间。抽样送样前应及时与检测单位沟通，确定试验所用样本的用量。

（4）认真填写检测试验委托单。包括工程名称、样品的生产厂家、品牌型号、使用部位、代表批量、检测参数、设计指标、试块的成型日期、试验标准、预定取报告的日期。施工单位在送样填写委托单时最好带上产品说明书、合格证等。

第二章

水　泥

第一节　概　述

一、定义

1. 水泥的定义

水泥（cement），一种细磨材料，与水混合形成塑性浆体后，能在空气中水化硬化，并能在水中继续硬化保持强度和体积稳定性的无机水硬性胶凝材料。

从以上定义可见水泥有三项基本属性：粉状材料；水硬性材料，既能在空气中硬化，也能在水中硬化；胶凝材料，与水混合后，可以胶结砂、石材料，从而广泛应用于土木工程中。

按照用途及性能分为两类：通用水泥和特种水泥（以往特种水泥又细分为专用水泥和特性水泥）；按照水硬性矿物名称主要分为五类：硅酸盐水泥、铝酸盐水泥、硫铝酸盐水泥、铁铝酸盐水泥、氟铝酸盐水泥；此外，水泥还可以根据其特性命名，如快硬性水泥、中热（低热）水泥、抗硫酸盐腐蚀性水泥、膨胀性水泥、耐高温性水泥等。

水利水电工程实际常用的水泥主要是硅酸盐水泥，在一些混凝土坝（大体积混凝土）中也使用中热（低热）硅酸盐水泥，本书将着重介绍通用硅酸盐水泥。

本书通过通用硅酸盐水泥的强度等级划分、技术要求和取样检测方法，介绍水泥应用和检测知识。如在实际工作中遇到其他类型水泥，可查阅相关国家标准或行业标准，在此列出水泥应用和检测的相关规范备查：

《水泥的命名原则和术语》(GB/T 4131—2014);

《水泥取样方法》(GB/T 12573—2008);

《通用硅酸盐水泥》(GB 175—2007);

《中热硅酸盐水泥 低热硅酸盐水泥 低热矿渣硅酸盐水泥》(GB 200—2003);

《水泥标准稠度用水量、凝结时间、安定性检验方法》(GB/T 1346—2011);

《水泥细度检验方法 筛析法》(GB/T 1345—2005);

《水泥比表面积测定方法 勃氏法》(GB/T 8074—2008);

《水泥胶砂强度检验方法(ISO 法)》(GB/T 17671—1999);

《水泥化学分析方法》(GB/T 176—2008);

《水泥胶砂流动度测定方法》(GB/T 2419—2005);

《水泥密度测定方法》(GB/T 208—2014);

《水泥组分的定量测定》(GB/T 12960—2007);

《水泥压蒸安定性试验方法》(GB/T 750—1992)。

2. 通用硅酸盐水泥的定义

通用硅酸盐水泥(Common Portland Cement)是以硅酸盐水泥熟料和适量的石膏及规定的混合材料制成的水硬性胶凝材料。通用硅酸盐水泥按混合材料的品种和掺量分为硅酸盐水泥、普通硅酸盐水泥、矿渣硅酸盐水泥、火山灰质硅酸盐水泥、粉煤灰硅酸盐水泥和复合硅酸盐水泥,各品种的组分和代号见表 2-1。

表 2-1　　通用硅酸盐水泥的品种、代号和组分

品种	代号	组分				
		熟料+石膏	粒化高炉矿渣	火山灰质混合材料	粉煤灰	石灰石
硅酸盐水泥	P·Ⅰ	100%	—	—	—	—
	P·Ⅱ	≥95%	≤5%	—	—	—
		≥95%	—	—	—	≤5%
普通硅酸盐水泥	P·O	≥80%且<95%	>5%且≤20%			

品种	代号	组分				
		熟料＋石膏	粒化高炉矿渣	火山灰质混合材料	粉煤灰	石灰石
矿渣硅酸盐水泥	P·S·A	≥50％且<80％	>20％且≤50％	—	—	—
	P·S·B	≥30％且<50％	>50％且≤70％	—	—	—
火山灰质硅酸盐水泥	P·P	≥60％且<80％		>20％且≤40％	—	—
粉煤灰硅酸盐水泥	P·F	≥60％且<80％		—	>20％且≤40％	—
复合硅酸盐水泥	P·C	≥50％且<80％	>20％且≤50％			

二、强度等级划分

通用硅酸盐水泥的强度等级划分如下：

硅酸盐水泥的强度等级分为 42.5、42.5R、52.5、52.5R、62.5、62.5R 六个等级；

普通硅酸盐水泥的强度等级分为 42.5、42.5R、52.5、52.5R 四个等级；

矿渣硅酸盐水泥、火山灰质硅酸盐水泥、粉煤灰硅酸盐水泥的强度等级分为 32.5、32.5R、42.5、42.5R、52.5、52.5R 六个等级；

复合硅酸盐水泥的强度等级分为 32.5R、42.5、42.5R、52.5、52.5R 五个等级(GB 175—2007 国家标准第 2 号修改单取消了复合硅酸盐水泥 32.5 这一等级，该规定于 2015 年 12 月 1 日起实施)。

三、应用技术

水泥，特别是硅酸盐水泥，已经广泛应用在土木工程建设中，其应用堪称土木工程行业的革命性材料。特别是随着掺合料、外加剂技术的发展，水泥及其衍生物混凝土呈现出了强大的生命力。例如,在国家大剧院建筑工程中,部分结构柱采用了 C100 高性能混凝土,使用的水泥仅为普通硅酸盐水泥(P·O42.5),但通过使用矿物掺合料和高性能减水剂等特殊设计,其抗压强度达到了 117.9MPa(样本 21 组,标准差 6.75MPa)。

依据工程类型和建筑物或构筑物所处环境的不同,通常选用不同的水泥,其中通用硅酸盐水泥的应用类别详见表 2-2。

表 2-2　　　　通用硅酸盐水泥的应用类别

品种	工程特性	优先适用工程类型	不宜或 不适用工程类型
硅酸盐水泥	强度高、抗冻性好、耐腐蚀性好、耐磨性好、水化热大、耐热性差	早期强度要求高混凝土、高强度混凝土、严寒地区混凝土、有耐磨要求混凝土	大体积混凝土、耐热性混凝土、耐腐蚀性混凝土
普通硅酸盐水泥	后期强度高、抗冻性好、耐腐蚀性好、耐磨性好、水化热较大、耐热性差	与硅酸盐水泥类似	与硅酸盐水泥类似
矿渣硅酸盐水泥	早期强度低、水化热小、抗冻性差、耐热性好、干缩性大	耐热性混凝土、大体积混凝土、耐腐蚀性混凝土、水下混凝土	抗渗性混凝土
火山灰质硅酸盐水泥	早期强度低、水化热小、抗冻性差、干缩性大、抗渗性好、耐磨性差	抗渗性混凝土、大体积混凝土、耐腐蚀性混凝土、水下混凝土	干燥环境混凝土、耐磨性混凝土
粉煤灰硅酸盐水泥	早期强度低、水化热小、抗冻性差、耐磨性差	大体积混凝土、耐腐蚀性混凝土、水下混凝土	干燥环境混凝土、耐磨性混凝土
复合硅酸盐水泥	早期强度较低、水化热小、抗冻性差、干缩性大	大体积混凝土、耐腐蚀性混凝土、水下混凝土	干燥环境混凝土、耐磨性混凝土

第二节 技术要求

一、化学指标

通用硅酸盐水泥的化学指标的技术要求分为一般化学指标和碱含量。

1. 一般化学指标

一般化学指标应符合表 2-3 的规定。

表 2-3　　通用硅酸盐水泥一般化学指标技术要求

品种	代号	不溶物（质量分数）	烧失量（质量分数）	三氧化硫（质量分数）	氧化镁（质量分数）	氯离子（质量分数）
硅酸盐水泥	P·I	≤0.75%	≤3.0%	≤3.5%	≤5.0%	≤0.06%
	P·II	≤1.50%	≤3.5%			
普通硅酸盐水泥	P·O	—	≤5.0%			
矿渣硅酸盐水泥	P·S·A	—	—	≤4.0%	≤6.0%	
	P·S·B	—	—			
火山灰质硅酸盐水泥	P·P	—	—	≤3.5%	≤6.0%	
粉煤灰硅酸盐水泥	P·F	—	—			
复合硅酸盐水泥	P·C	—	—			

2. 碱含量（选择性化学指标）

水泥中碱含量按 $Na_2O+0.658K_2O$ 计算值表示。若使用活性骨料，用户要求提供低碱水泥时，水泥中的碱含量应不大于 0.60% 或由买卖双方协商确定。

二、物理指标

通用硅酸盐水泥的物理指标的技术要求分为凝结时间、安定性和细度。

1. 凝结时间

硅酸盐水泥初凝不小于 45min，终凝不大于 390min。

普通硅酸盐水泥、矿渣硅酸盐水泥、火山灰质硅酸盐水泥、粉煤灰硅酸盐水泥和复合硅酸盐水泥初凝不小于45min，终凝不大于600min。

2. 安定性

沸煮法合格。

3. 细度（选择性物理指标）

硅酸盐水泥和普通硅酸盐水泥以比表面积表示，不小于300m²/kg；矿渣硅酸盐水泥、火山灰质硅酸盐水泥、粉煤灰硅酸盐水泥和复合硅酸盐水泥以筛余表示，80μm方孔筛筛余不大于10%或45μm方孔筛筛余不大于30%。

三、强度指标

不同品种不同强度等级的通用硅酸盐水泥强度要求详见表2-4。

表2-4　不同品种不同强度等级 3d、28d 龄期强度要求

品种	强度等级	抗压强度/MPa		抗折强度/MPa	
		3d	28d	3d	28d
硅酸盐水泥	42.5	≥17.0	≥42.5	≥3.5	≥6.5
	42.5R	≥22.0		≥4.0	
	52.5	≥23.0	≥52.5	≥4.0	≥7.0
	52.5R	≥27.0		≥5.0	
	62.5	≥28.0	≥62.5	≥5.0	≥8.0
	62.5R	≥32.0		≥5.5	
普通硅酸盐水泥	42.5	≥17.0	≥42.5	≥3.5	≥6.5
	42.5R	≥22.0		≥4.0	
	52.5	≥23.0	≥52.5	≥4.0	≥7.0
	52.5R	≥27.0		≥5.0	
矿渣硅酸盐水泥 火山灰质硅酸盐水泥 粉煤灰硅酸盐水泥	32.5	≥10.0	≥32.5	≥2.5	≥5.5
	32.5R	≥15.0		≥3.5	
	42.5	≥15.0	≥42.5	≥3.5	≥6.5
	42.5R	≥19.0		≥4.0	
	52.5	≥21.0	≥52.5	≥4.0	≥7.0
	52.5R	≥23.0		≥4.5	

品种	强度等级	抗压强度/MPa		抗折强度/MPa	
		3d	28d	3d	28d
复合硅酸盐水泥	32.5R	≥15.0	≥32.5	≥3.5	≥5.5
	42.5	≥15.0	≥42.5	≥3.5	≥6.5
	42.5R	≥19.0		≥4.0	
	52.5	≥21.0	≥52.5	≥4.0	≥7.0
	52.5R	≥23.0		≥4.5	

第三节　检验依据及取样规则

一、水泥各项性能试验方法标准

1. 水泥组分试验方法

由生产者按 GB/T 12960—2007 或选择准确度更高的方法进行。在正常生产情况下,生产者应至少每月对水泥组分进行校核。

2. 不溶物、烧失量、氧化镁、三氧化硫和碱含量试验方法

按 GB/T 176—2008 进行试验。

3. 压蒸安定性试验方法

按 GB/T 750—1992 进行试验。

4. 氯离子试验方法

按 GB/T 176—2008 进行试验(在 GB 175—2007 国家标准第 1 号修改单中,将氯离子试验方法的参考依据由 JC/T 420 修改为 GB/T 176,该规定于 2009 年 9 月 1 日起实施)。

5. 标准稠度用水量、凝结时间和安定性试验方法

按 GB/T 1346—2011 进行试验。

6. 比表面积试验方法

按 GB/T 8074—2008 进行试验。

7. 细度试验方法

分为 80μm 和 45μm 筛余,均按 GB/T 1345—2005 进行试验。

8. 强度试验方法

按 GB/T 17671—1999 进行试验。

但火山灰质硅酸盐水泥、粉煤灰硅酸盐水泥、复合硅酸盐水泥和掺火山灰质混合材料的普通硅酸盐水泥在进行胶砂强度检验时，其用水量按 0.50 水灰比和胶砂流动度不小于 180mm 来确定。当流动度小于 180mm 时，须以 0.01 的整倍数递增的方法将水灰比调整至胶砂流动度不小于 180mm。其中，胶砂流动度试验按 GB/T 2419—2005 进行。

二、取样及留样规则

根据 GB 175—2007 与 GB/T 12573—2008 的有关规定，质量控制或质量监督参考水泥出厂的取样和留样规则：

取样工具可以选用机械取样器或手工取样器，也可以选用其他能够取得有代表性样品的其他取样工具。

取样部位可以在水泥输送管道（机械取样），也可以是散装水泥卸料处或输送机具上，对于袋装水泥则可以在水泥堆场，注意周围环境不得污染样品。

取样数量，先取 10 组分割样，将分割样混合均匀形成混合样，经过一次或多次缩分到标准要求的数量（通用硅酸盐要求不少于 20kg），通过 0.9mm 方孔筛后再一分为二，一份为试验样，一份为留存样。

留存样应密封保存于金属容器中，保存期限宜为 90d，留存样容器外加封印，封印上应标识出水泥编号、品种与强度等级、取样日期、取样人等信息，经买卖双方认可的水泥留存样作为质量异议时送检权威检测机构仲裁的样品。

第三章

气硬性胶凝材料

第一节　概　　述

胶凝材料是指经过自身的物理化学作用后能够由浆体变成坚硬固体的物质，并把散粒的或块状的材料胶结成为一个整体。

胶凝材料可分为无机胶凝材料和有机胶凝材料两类。

无机胶凝材料分为气硬性的与水硬性的两类。气硬性凝材料指只能在空气中硬化并保持和发展其强度的材料。气硬性胶凝材料一般只适用于干燥环境中，而不宜用于潮湿环境，更不可用于水中。属于这类材料的有石灰、石膏、菱苦土和水玻璃等。水硬性胶凝材料，不仅能在空气中而且能更好地在水中硬化，保持并继续提高其强度，属于这类材料的有各种水泥。

建筑工程上常用气硬性胶凝材料有建筑石膏、建筑石灰和水玻璃。

一、建筑石膏

建筑石膏是用天然石膏或工业副产石膏经脱水处理制得的，以 β 半水硫酸钙（$\beta\text{-}CaSO_4 \cdot 1/2H_2O$）为主要成分，不预加任何外加剂或添加物的粉状胶凝材料。按原材料种类分为三类，见表 3-1。

表 3-1　建筑石膏的分类［《建筑石膏》(GB/T 9776—2008)］

类别	天然建筑石膏	脱硫建筑石膏	磷建筑石膏
代号	N	S	P
按 2h 强度(抗折)分为 3.0、2.0、1.6 三个等级			

标记：按产品名称、代号、等级及标准编号的顺序标记。

示例：等级为 2.0 的天然建筑石膏标记如下：建筑石膏 N2.0 GB/T 9776—2008。

二、建筑石灰

1. 生石灰

生石灰(气硬性)由石灰石(包括钙质石灰石、镁质石灰石)焙烧而成呈块状、粒状或粉状。其化学成分主要为氧化钙(CaO),可和水发生放热反应生成消石灰。煅烧时的反应如下:

$$CaCO_3 \xrightarrow{900℃} CaO + CO_2 \uparrow \qquad (3-1)$$

煅烧时温度的高低及分布情况对石灰质量有很大影响。如温度太低或分布不均匀,碳酸钙不能完全分解,则产生欠火石灰;如温度过高或时间过长,则产生过火石灰。

由于原料中常含碳酸镁,故石灰中尚含有一些 MgO,当生石灰中 $MgO \leqslant 5\%$ 时称为钙质石灰;当 $MgO > 5\%$ 时,称为镁质石灰。

根据化学成分的含量每类分成各个等级见表 3-2。

表 3-2 建筑生石灰的分类[《建筑生石灰》(JC/T 479—2013)]

类别	名称	代号
钙质石灰	钙质石灰 90	CL90
	钙生石灰 85	CL85
	钙质石灰 75	CL75
镁质石灰	镁质石灰 85	ML85
	镁质石灰 80	ML80

标记:生石灰的识别标志由产品名称、加工情况和产品依据标准编号组成,生石灰块在代号后加 Q,生石灰粉在代号后加 QP。

示例:符合 JC/T 479—2013 的钙质生石灰粉 90 标记为"CL 90-QP JC/T 479—2013"。

说明:CL—钙质石灰;

90—($CaO + MgO$)质量百分数;

QP—粉状。

2. 消石灰

生石灰与水作用生成熟石灰的过程,称为熟化。经过熟化的石灰称消石灰或熟石灰,其主要成分是 $Ca(OH)_2$。石灰熟化的反应式为

$$CaO + H_2O \longrightarrow Ca(OH)_2 + 64.9J \qquad (3-2)$$

根据熟化时加水量的不同,熟石灰可呈粉状或浆状。

消石灰粉中氧化镁含量不大于4%的称为钙质石灰,大于4%的称为镁质石灰。

在建筑工地上,多使用石灰槽与石灰坑,将生石灰熟化成石灰浆应用。欠火石灰的中心部分仍是碳酸钙硬块,不能熟化,成为渣子;过火石灰结构较紧密,而且表面有一层深褐色的玻璃状硬壳,熟化很慢,当石灰硬化后,过火石灰才开始熟化,并产生体积膨胀,引起隆起鼓包和开裂。为消除过火石灰的危害,石灰浆就在坑中存放两星期以上,这一过程称为陈伏,使未曾熟化的颗粒充分熟化。

建筑消石灰按扣除游离水和结合水后($CaO + MgO$)的质量百分数加以分类,见表3-3。

表 3-3　建筑消石灰的分类[《建筑消石灰》(JC/T 481—2013)]

类别	名称	代号
钙质消石灰	钙质消石灰 90	HCL90
	钙质消石灰 85	HCL85
	钙质消石灰 75	HCL75
镁质消石灰	镁质消石灰 85	HML85
	镁质消石灰 80	HML80

标记:消石灰的识别标志由产品名称和产品依据标准编号组成。

示例:符合 JC/T 481—2013 的钙质消石灰 90 标记为"HCL90 JC/T 481—2013"。

说明:HCL—钙质消石灰;

　　　90—($CaO + MgO$)质量百分数。

第二节　技　术　要　求

一、建筑石膏

1. 建筑石膏组成中的 β 半水硫酸钙($\beta\text{-}CaSO_4 \cdot 1/2H_2O$)的含量(质量分数)应不小于 60.0%。

2. 物理力学性能

建筑石膏的物理力学性能应符合表 3-4 的要求。

表 3-4　建筑石膏的物理力学性能(GB/T 9776—2008)

等级	细度(0.2mm 方孔筛筛余)	凝结时间/min		2h 强度/MPa	
		初凝	终凝	抗折	抗压
3.0				≥3.0	≥6.0
2.0	≤10%	≥3	≤30	≥2.0	≥4.0
1.6				≥1.6	≥3.0

3. 放射性核素限量

工业副产建筑石膏的放射性核素限量应符合《建筑材料放射性核素限量》(GB 6566—2010)的要求。

4. 限制成分

工业副产建筑石膏中限制成分氧化钾(K_2O)、氧化钠(Na_2O)、氧化镁(MgO)、五氧化二磷(P_2O_5)和氟(F)的含量由供需双方商定。

二、建筑石灰

1. 建筑生石灰

(1) 建筑生石灰的化学成分应符合表 3-5 要求。

表 3-5　建筑生石灰的化学成分(JC/T 479—2013)

名称	(氧化钙+氧化镁)(CaO+MgO)	氧化镁(MgO)	二氧化碳(CO_2)	三氧化硫(SO_3)
CL90-Q CL90-QP	≥90%	≤5%	≤4%	≤2%
CL85-Q CL85-QP	≥85%	≤5%	≤7%	≤2%
CL75-Q CL75-QP	≥75%	≤5%	≤12%	≤2%
CL85-Q CL85-QP	≥85	>5%	≤7%	≤2%
CL80-Q CL80-QP	≥80	>5%	≤7%	≤2%

（2）建筑生石灰的物理性质应符合表 3-6 要求。

表 3-6　建筑生石灰的物理性质（JC/T 479—2013）

名称	产浆量 /(dm³/10kg)	细度	
		0.2mm 筛余量	90μm 筛余量
CL90-Q	≥26%	——	——
CL90-QP	——	≤2%	≤7%
CL85-Q	≥26%	——	——
CL85-QP	——	≤2%	≤7%
CL75-Q	≥26%	——	——
CL75-QP	——	≤2%	≤7%
CL85-Q	——	——	——
CL85-QP	——	≤2%	≤7%
CL80-Q	——	——	——
CL80-QP	——	≤7%	≤2%

注：其他物理特性，根据用户要求，可按照《建筑石灰试验方法　第 1 部分：物理试验方法》(JC/T 478.1—2013)进行测试。

2. 建筑消石灰

（1）建筑消石灰的化学成分应符合表 3-7 要求。

表 3-7　建筑消石灰的化学成分[《建筑消石灰》(JC/T 481—2013)]

名称	（氧化钙＋氧化镁）(CaO＋MgO)	氧化镁(MgO)	三氧化硫(SO₃)
HCL90	≥90%	≤5%	≤2%
HCL85	≥85%		
HCL75	≥75%		
HML85	≥85%	>5%	≤2%
HML80	≥80%		

注：表中数值以试样扣除游离水和化学结合水后的干基为基准。

(2) 建筑消石灰的物理性质应符合表 3-8 要求。

表 3-8　建筑消石灰的物理性质(JC/T 481—2013)

名称	游离水	细度		安定性
		0.2mm 筛余量	90μm 筛余量	
HCL90	≤2%	≤2%	≤7%	合格
HCL85				
HCL75				
HML85				
HML80				

第三节　检验依据及取样规则

一、检验依据

1. 石膏

石膏 β 半水硫酸钙的含量按《石膏化学分析方法》(GB/T 5484—2012)的相关规定执行;

细度按《建筑石膏 粉料物理性能的测定》(GB/T 17669.5—1999)的相关规定执行;

凝结时间按《建筑石膏 净浆物理性能的测定》(GB/T 17669.4—1999)的相关规定执行;

强度按《建筑石膏 力学性能的测定》(GB/T 17669.3—1999)的相关规定执行;

放射性核素限量的测定按 GB 6566—2010 规定的方法测定;

限制成分含量的测定按 GB/T 5484—2012 的相关规定执行。

2. 石灰

石灰的物理性质试验按《建筑石灰试验方法第 1 部分:物理试验方法》(JC/T 478.1)执行,化学分析按《建筑石灰试验方法 第 2 部分:化学分析方法》(JC/T 478.2)执行。

二、取样及判定规则

(一)石膏

1. 批量与取样

批量。对于年产量小于 15 万 t 的生产厂,以不超过 60t 产品为一批,对于年产量等于或大于 15 万 t 的生产厂,以不超过 120t 产品为一批。产品不足一批时以一批计。

取样。产品袋装时,从一批产品中随机抽取 10 袋,每袋抽取约 2kg 试样,总共不少于 20kg;产品散装时,在产品卸料处或产品输送机具上每 3min 抽取 2kg 试样,总共不少于 20kg。将抽取的试样搅拌均匀,一分为二,一份做试验,另一份密封保存三个月,以备复验用。

2. 判定规则

将抽取试样分成三等份,以其中一份时进行试验,检验结果若均符合表 3-4 要求则判其合格,若有一项以上指标不符合要求,即判该批产品不合格。若有一项指标不合格,则可用其他两份试样对不合格指标进行重新检验,重新检验结果若两份试样均合格,则判该批产品合格;如仍有一份试样不合格,则判该批产品不合格。

(二)石灰

批量。以班产量或日产量为一个检验批。

取样规则。按《石灰取样方法》(JC/T 620—2009)执行。

取样总量。生石灰取样总量不少于 24kg,生石灰粉或消石灰粉取样总量不少于 5kg。

1. 生石灰取样

(1)堆场、仓库、车(船)取样法。在每批石灰的不同部位随机选取 12 个取样点,取样点应均匀分布或循环分布在堆场、仓库、车(船)的对角线或四分线上,并应在表层 100mm 下或底层 100mm 上取样。每个点的取样量不少于 2000g,对取得的份样砸碎过 20mm 的圆孔筛后立即装入干燥、密闭、防潮容器中。

(2)输送带或料仓出料口取样法。从一批流动的生石灰中有规律地间隔取 12 个份样,每一份不少于 2000g,经破碎过 20mm 孔筛后,立即装入干燥、密闭、防潮容器中。

(3) 石灰窑出料口的卸料方式,按(1)或(2)取样法进行取样。

2. 生石灰粉或消石灰粉取样

(1) 袋装取样法。从每批袋装的生石灰粉或消厂灰粉中随机抽取 10 袋,将取样管从袋口斜插到袋内适当深度,到出一管芯石灰。每袋取样不少于 500g,取得的份样应立即装入干燥、密闭、防潮的容器中。

(2) 散装车取样法。在整批散装生石灰粉的不同部位随机选取 10 个取样点,将取样管插入石灰适当深度,取出一管芯石灰,每份不少于 500g,取得的份样应立即装入干燥、密闭、防潮容器中。

3. 判定规则

检验结果均达到表 3-3～表 3-6 相应等级要求时,则判定为合格产品。

第四章

掺 合 料

第一节 概 述

一、定义

在混凝土拌和制备时,为节省水泥材料,改善混凝土性能,调节混凝土强度等级,而掺入人造材料的或工业废料以及天然的矿物材料。这些材料统称为混凝土掺合料。

二、分类

用于水泥混凝土中掺合料可分为活性矿物掺合料和非活性矿物掺合料。

1. 活性矿物掺合料

本身不硬化或者硬化速度很慢,但能与水泥水化生成氧化钙起反应,生成具有胶凝能力的水化产物,如粉煤灰、粒化高炉矿渣粉、火山灰质材料、硅灰等统称为活性矿物掺合料。

活性矿物掺合料分类见表 4-1。

表 4-1　　　　　　　活性矿物掺合料的分类

天然类	火山灰、凝灰岩、硅藻土、蛋白石质黏土、钙性黏土、黏土页岩
人工类	煅烧页岩或黏土
工业废料	粉煤灰、硅灰、沸石粉、水淬高炉矿渣粉、煅烧煤矸石

常用的混凝土掺合料有粉煤灰、粒化高炉矿渣、火山灰类物质。尤其是粉煤灰、超细粒化高炉矿渣、硅灰等应用效果良好。

2. 非活性矿物掺合料

一般与水泥成分不起化学作用，或化学作用很小的。如石灰石、黏土、磨细石英砂、硬矿渣等材料统称为非活性矿物掺合料。

三、应用技术

矿物掺合料由于其活性大小不同，用途也各异。非活性矿物掺合料通常只作填充料起填充作用。活性矿物掺合料可以替代部分熟料作水泥混合料；与适量石灰、石膏及粗、细集料混合，制成硅酸盐制品。其更多的用途是作为混凝土的掺合料，即在拌制混凝土和砂浆时，掺入一定量的活性矿物掺合料，替代部分水泥。作为混凝土掺合料，目前使用较多、效果较好的是硅灰、粒化高炉矿渣及粉煤灰，尤其是粉煤灰在水利工程中大量采用。

1. 粉煤灰

粉煤灰是由煤粉炉排出的烟气中收集到的细颗粒灰白色粉末。是当前国内外用量最大、使用范围最广的混凝土掺合料。在混凝土中掺加粉煤灰有两方面的效果：

（1）节约水泥。一般可节约水泥 $10\%\sim15\%$，有较显著的经济效果。

（2）改善和提高混凝土的下述技术性能：

1）改善混凝土拌和物的和易性，增强混凝土的可泵性和修饰性；

2）降低混凝土水化热，是大体积混凝土（如水工大坝）的主要掺合料；

3）提高混凝土抗渗能力；

4）提高混凝土抗硫酸盐性能；

5）抑制碱集料反应。

2. 粒化高炉矿渣粉

粒化高炉矿渣是在高炉炼铁时所得的以硅酸钙和铝硅酸钙为主要成分的熔融物经水淬冷却后的粒状物，其具有潜在水硬性，是水泥和混凝土的优质混合材料。混凝土中掺入矿渣粉既能节约水泥又能改善混凝土的以下性能：

（1）掺入矿渣粉能大幅度提高混凝土的强度，因此可配制高强度混凝土；

（2）可替代 10％～40％ 的水泥，配制混凝土，节约水泥用量，降低混凝土的生产成本。同时，可有效地抑制碱集料反应，提高混凝土的耐久性；

（3）掺入矿渣粉配制的混凝土，可提高其抗海水侵蚀的性能，故适用于海水工程；

（4）掺入矿渣粉配制的混凝土，可显著降低水化热，适用于建造大体积混凝土工程；

（5）掺入矿渣粉配制的混凝土，可显著增加混凝土的致密度，改善其抗渗性，可用于喷补工程；

（6）掺入矿渣粉配制的混凝土，可减少混凝土的泌水量，提高和易性、可泵性，是大型混凝土搅拌站的优选材料。

3. 硅灰

硅灰是冶炼硅铁、硅钢时，从高温电炉中排出的一种以无定形二氧化硅为主要组分的粉尘。硅灰具有火山灰活性，但由于其颗粒极细，利用硅灰高火山活性，配以高性能减水剂，可以配制早强、高强混凝土。硅灰与高效减水剂复合使用，能够改善混凝土拌和物的和易性、增加内聚力、防止离析，可以用于大流动性混凝土及泵送混凝土。硅灰还能使水泥浆体的毛细孔径减小。据测定，当混凝土龄期达到 28d 时，孔径 0.1μm 以上的大孔体积几乎为零。因此，可用它来配制密度性很高的高抗渗混凝土（W>20）。但由于硅灰价格高，收集较难，因此目前尚未大量推广应用。

第二节 技 术 要 求

一、粉煤灰

用于水工混凝土粉煤灰分为Ⅰ级、Ⅱ级、Ⅲ级三个等级。其技术要求应符合表 4-2 的规定。

表 4-2　用于水工混凝土的粉煤灰的技术要求(DL/T 5055—2007)

项目		技术要求		
		Ⅰ级	Ⅱ级	Ⅲ级
细度(45μm 方孔筛筛余)	F 类粉煤灰	≤12.0%	≤25.0%	≤45.0%
	C 类粉煤灰			
需水量比	F 类粉煤灰	≤95%	≤105%	≤115%
	C 类粉煤灰			
烧失量	F 类粉煤灰	≤5.0%	≤8.0%	≤15.0%
	C 类粉煤灰			
含水量	F 类粉煤灰	≤1.0%		
	C 类粉煤灰			
三氧化硫	F 类粉煤灰	≤3.0%		
	C 类粉煤灰			
游离氧化钙	F 类粉煤灰	≤1.0%		
	C 类粉煤灰	≤4.0%		
安定性	C 类粉煤灰	合格		

根据《水工混凝土掺用粉煤灰技术规范》(DL/T 5055—2007)之规定,用于永久建筑物水工混凝土宜采用Ⅰ级或Ⅱ级粉煤灰,坝体同部混凝土、小型工程和临时建筑物的混凝土,经试验论证后也可采用Ⅲ级粉煤灰。

永久建筑物水工混凝土 F 类粉煤灰的最大掺量应符合表 4-3 中的规定。其他混凝土可参照执行。水工混凝土掺 C 类粉煤灰时,掺量应通过论证确定。

表 4-3　水工混凝土掺用 F 类粉煤灰最大掺量(DL/T 5055—2007)

混凝土种类		硅酸盐水泥	普通硅酸盐水泥	矿渣硅酸盐水泥
重力坝碾压混凝土	内部	70%	65%	40%
	外部	65%	60%	30%
重力坝常态混凝土	内部	55%	50%	30%
	外部	45%	40%	20%
拱坝碾压混凝土		65%	60%	30%

混凝土种类	硅酸盐水泥	普通硅酸盐水泥	矿渣硅酸盐水泥
拱坝常态混凝土	40%	35%	20%
结构混凝土	35%	30%	——
面板混凝土	35%	30%	——
抗磨蚀混凝土	25%	20%	——
预应力混凝土	20%	15%	——

注：1. 本表适用于F类Ⅰ、Ⅱ级粉煤灰，F类Ⅲ级粉煤灰的最大掺量应适当降低，降低幅度通过试验论证确定。

2. 中热硅酸盐水泥、低热硅酸盐水泥混凝土的粉煤灰最大掺量与硅酸盐水泥混凝土相同，低热矿渣硅酸盐水泥、火山灰质硅酸盐水泥、粉煤灰硅酸盐水泥混凝土的粉煤灰最大掺量与矿渣硅酸盐水泥(P.S.A)混凝土相同。

3. 本表所列的粉煤砂最大掺量不包含代砂的粉煤灰。

二、粒化高炉矿渣粉

以粒化高炉矿渣为主要原料，可掺加少量石膏磨制成一定细度的粉体，称作粒化高炉矿渣粉，简称矿渣粉。粒化高炉矿渣粉应符合表4-3的技术指标规定。

表 4-4　　　　粒化高炉矿渣粉技术指标

[《用于水泥和混凝土中的粒化高炉矿渣粉》(GB/T 18046—2008)]

项目		级别		
		S105	S95	S75
密度/(g/cm³)			2.8	
比表面积/(m²/kg)		500	400	300
活性指数	7d	95%	75%	55%
	28d	105%	95%	75%
流动度比			95%	
含水量(质量分数)			1.0%	
三氧化硫(质量分数)			4.0%	
氯离子(质量分数)			0.06%	
烧失量(质量分数)			3.0%	
玻璃体含量(质量分数)			85%	
放射性			合格	

第三节　检验依据及取样规则

一、粉煤灰

1. 检验依据

DL/T 5055—2007。

2. 取样规则

(1) 以连续供应的 200t 相同等级、相同种类的粉煤灰为一批。不足 200t 者按一批计。

(2) 取样方法按 GB 12573—2008 进行。取样应有代表性,应从 10 个以上不同部位取样,袋装粉煤灰应从 10 个以上包装袋中等量抽取;散装粉煤灰应从至少三个散装箱(罐)中从不同深度等量抽取。抽取的样品混合均匀后,按四分法取出比试验用量大两倍的量作为试样。采集平均试样 10kg。

二、粒化高炉矿渣粉

1. 检验依据

GB/T 18046—2008。

2. 取样规则

(1) 编号。矿渣粉出厂前按同级别进行编号和取样。每一编号为一个取样单位。矿渣粉出厂编号按矿渣粉单线年生产能力规定为:

60×10^4 t 以上,不超过 2000t 为一编号;

$30 \times 10^4 \sim 60 \times 10^4$ t,不超过 1000t 为一编号;

$10 \times 10^4 \sim 30 \times 10^4$ t,不超过 600t 为一编号;

10×10^4 t 以下,不超过 200t 为一编号。

当散装运输工具容量超过该厂规定出厂编号吨数时,允许该编号数量超过该厂规定出厂编号吨数。

(2) 取样方法和数量。取样按 GB 12573—2008 规定进行。取样应有代表性,可连续取样,也可以在 20 个以上部位取等量样品,总量至少 20kg。试样混合均匀,按四分法缩取出比试验所需要量大一倍的试样。

第五章

外 加 剂

第一节 概 述

一、定义

根据我国现行国家标准《混凝土外加剂定义、分类、命名与术语》(GB/T 8075—2005),混凝土外加剂是一种在混凝土搅拌之前或控制过程中加入的、用以改善新拌混凝土和(或)硬化混凝土性能的材料。

二、分类

混凝土外加剂按其主要使用功能分为 4 类,如表 5-1 所示。

表 5-1　　按主要功能对混凝土外加剂进行分类

按混凝土外加剂功能分类	品种
改善混凝土拌和物流变性能	各种减水剂泵送剂等
调节混凝土凝结时间、硬化性能	缓凝剂、促凝剂、速凝剂等
改善混凝土耐久性	引气剂、防水剂、阻锈剂、矿物外加剂等
改善混凝土其他性能	膨胀剂、防冻剂、着色剂等

三、适用范围

任何混凝土中都可以使用外加剂,外加剂也被公认为现代技术混凝土所不可缺少的第五组分。但混凝土外加剂总类繁多,功能各异,所以使用时应根据具体工程需要及现场施工条件选用。混凝土外加剂在工程中常用的应用范围见表 5-2。

表 5-2　　　　　　　　　外加剂的适用范围

序号	混凝土品种	使用目的	适合的外加剂
1	普通混凝土（C20～C30）	1）节约水泥用量； 2）使用低强度等级水泥； 3）增大混凝土坍落度； 4）降低混凝土的收缩和徐变等	普通减水剂
2	中等强度混凝土（C25～C55）	1）节约水泥用量； 2）以低强度等级水泥代替高强度等级水泥； 3）改善混凝土的流动性； 4）降低混凝土的收缩和徐变等	普通减水剂 早强减水剂 缓凝减水剂 缓凝高效减水剂 高效减水剂 有普通减水剂和高效减水剂复合而成的减水剂
3	高强混凝土（C60～C80）	1）节约水泥用量； 2）降低混凝土的水灰比； 3）解决掺加硅灰与降低混凝土需水量之间的矛盾； 4）改善混凝土的流动性； 5）降低混凝土的收缩和徐变等	高效减水剂 高性能减水剂 缓凝高效减水剂等
4	超高强混凝土（>C80）	1）大幅度降低混凝土的水灰比； 2）改善混凝土的流动性； 3）降低混凝土的收缩和徐变等； 4）降低混凝土内部温升，减少温度开裂	高效减水剂 高性能减水剂 缓凝高效减水剂
5	早强混凝土	1）提高混凝土早期强度，使混凝土在标养条件下 3d 强度达到 28d 的 70%，7d 强度达到设计等级；	早强剂 高效减水剂 早强减水剂等

序号	混凝土品种	使用目的	适合的外加剂
5	早强混凝土	2) 加快施工速度,包括加快模板和台座的周转,提高产品生产率; 3) 取消或缩短蒸养时间; 4) 使混凝土在低温情况下,尽早建立强度并加快早期强度发展	
6	大体积混凝土	1) 降低混凝土初期水化热释放速率,从而降低混凝土内部温峰,减小温度缝开裂程度; 2) 延缓混凝土凝结时间; 3) 节约水泥; 4) 降低干缩,减少干缩开裂等	缓凝剂(普通强度混凝土) 缓凝减水剂(普通强度混凝土) 缓凝高效减水剂(中等强度混凝土、高强混凝土) 膨胀剂 膨胀剂与减水剂复合掺加等
7	防水混凝土	1) 减少混凝土内部毛细孔; 2) 细化内部孔径,堵塞连通的渗水孔道; 3) 减少混凝土的泌水率; 4) 减少混凝土的干缩开裂等	防水剂 膨胀剂 普通减水剂 引气减水剂 高效减水剂等
8	喷射混凝土	1) 大幅度缩短混凝土凝结时间,是混凝土瞬间凝结硬化; 2) 在喷射施工时降低混凝土的回弹率	速凝剂
9	流态混凝土	1) 配制坍落度为 18～22cm 甚至更大的混凝土;	

序号	混凝土品种	使用目的	适合的外加剂
9	流态混凝土	2) 改善混凝土的黏聚性和保水性,减小离析泌水; 3) 降低水泥用量,减小收缩,提高耐久性	流化剂(即普通减水剂或高效减水剂) 引气减水剂等
10	泵送混凝土	1) 提高混凝土流动性; 2) 改善混凝土的可泵性能,使混凝土具有良好的抗离析性,泌水率小,与管壁之间的摩擦阻力减小; 3) 确保硬化混凝土质量	普通减水剂 高效减水剂 引气减水剂 缓凝减水剂 缓凝高效减水剂 泵送剂等
11	补偿收缩混凝土	1) 在混凝土内产生 $0.2\sim0.7MPa$ 的膨胀应力,抵消由于干缩而产生的拉应力,降低混凝土干缩开裂; 2) 提高混凝土的结构密实性,改善混凝土的抗渗性	膨胀剂 膨胀剂与减水剂等复合掺加
12	填充混凝土	1) 使混凝土立即产生一定膨胀,抵消由于干缩而引起的收缩,提高机械设备和构件的安装质量; 2) 改善混凝土的和易性和施工流动性; 3) 提高混凝土的强度	膨胀剂 膨胀剂与减水剂等复合掺加
13	自应力混凝土	1) 在钢筋混凝土内部产生较大的膨胀应力($>2MPa$),是混凝土因受钢筋的约束而形成预压应力;	膨胀剂 膨胀剂与减水剂等复合掺加

序号	混凝土品种	使用目的	适合的外加剂
13	自应力混凝土	2)提高钢筋混凝土构件(结构)的抗开裂性和抗渗性	
14	修补加固用混凝土	1)达到较高的强度等级; 2)满足修补加固施工时的和易性; 3)与原混凝土之间有良好的黏接强度; 4)收缩变形小; 5)早强发展快,能尽早承受荷载或较早投入使用	早强剂 减水剂 高效减水剂 早强减水剂 膨胀剂 黏接剂 膨胀剂与早强剂、减水剂等复合掺加
15	大模板施工用混凝土	1)改善和易性,确保混凝土即具有良好的流动性,又具有优异的黏聚性和保水性; 2)提高混凝土的早期强度,以减轻模板所受的侧压力,加快拆模和满足一定的扣板强度	夏季:普通减水剂 高效减水剂等 冬季:高效减水剂 早强减水剂等
16	滑模施工用混凝土	1)改善混凝土的和易性,满足滑模施工工艺; 2)夏季适当延长混凝土的凝结时间,便于滑模和抹光; 3)冬季适当早强,保证滑升速度	夏季:普通减水剂 缓凝减水剂 缓凝高效减水剂 冬季:高效减水剂 早强减水剂 早强剂与高效减水剂复合掺加
17	冬季施工用混凝土	1)防止混凝土受到冻害; 2)加快施工进度,提高构件(结构)质量; 3)提高混凝土的抗冻融循环能力	早强剂 早强减水剂 根据冬季最低气温,选用规定温度的防冻剂 早强剂与防冻剂、引气剂与早强剂或早强减水剂复合掺加等

序号	混凝土品种	使用目的	适合的外加剂
18	高温炎热干燥天气施工用混凝土	1) 适当延长混凝土的凝结时间； 2) 改善混凝土的和易性； 3) 预防塑性开裂和减少干燥收缩开裂等	缓凝剂 缓凝减水剂 缓凝高效减水剂 养护剂等
19	耐冻融混凝土	1) 在混凝土内部引入适量稳定的微气泡； 2) 降低混凝土的水灰比	引气剂 引气减水剂 普通减水剂 高效减水
20	水下浇筑混凝土	1) 提高混凝土的流动性； 2) 提高混凝土的黏聚性和抗水冲刷性，使拌合料在水下浇筑时不分离； 3) 适当提高混凝土的设计强度等	絮凝剂 絮凝剂与减水剂复合掺加等
21	预拌混凝土	1) 保证混凝土运往施工现场后的和易性，以满足施工要求，确保施工质量； 2) 满足工程对混凝土性能的特殊要求； 3) 节约水泥，取得较好的经济效益	普通减水剂 高效减水剂 夏季及运输距离比较长时，应采用缓凝减水剂、缓凝高效减水剂、泵送剂或能有效控制混凝土坍落度损失的减水剂（泵送剂） 选用不同性质的外加剂，以满足各种工程的特殊要求
22	自然养护的预制混凝土构件	1) 以自然养护代替蒸汽养护； 2) 缩短脱模、起吊时间； 3) 提高场地利用率，缩短生产周期；	普通减水剂 高效减水剂 早强剂

序号	混凝土品种	使用目的	适合的外加剂
22	自然养护的预制混凝土构件	4）节省水泥，从而降低成本； 5）方便脱模，提高产品外观自量等	早强减水剂 脱模剂等
23	蒸养混凝土构件	1）改善混凝土施工性能，降低振动密实消耗； 2）缩短养护时间或降低蒸养温度； 3）缩短静停时间； 4）提高蒸养制品质量； 5）节省水泥用量； 6）方便脱模，提高产品外观质量等	早强剂 高效减水剂 早强减水剂 脱模剂等

四、注意事项

为保证外加剂的使用效果，确保混凝土工程的质量，在使用混凝土外加剂时应注意以下几个方面的问题：

1. 环境对混凝土外加剂品种与成分的要求

依据国家标准《混凝土外加剂应用技术规范》(GB 50119—2013)的要求，混凝土外加剂除了满足工程对混凝土技术性能的要求外，还应严格控制外加剂的环保型指标。一般要求不得使用以铬盐或亚硝酸盐等有毒成分为有效成分的外加剂；对于用于居住或办公用建筑物的混凝土中还不得采用以尿素或硝铵为有效成分的外加剂。对于预应力结构、湿度大于80%或处于水位变化部位的结构、经常受水冲刷的结构、大体积混凝土、直接接触酸碱等强腐蚀性介质的结构、长期处于60℃以上环境的结构、蒸养混凝土结构、有装饰性要求的结构、表面进行金属装饰的结构、薄壁结构、工业厂房吊车梁和落锤基础、使用冷拉钢筋或冷拔钢丝的混凝土结构、采用碱活性集料的混凝土结构不得使用含氯离子的外加剂。与镀锌钢件铝件接触或接触直流电的结构不得采用含强电解质的无机盐早强剂或早强减水剂。

2. 掺量的确定

混凝土外加剂品种选定以后，需要慎重确定其掺量。掺量过小，往往达不到预期效果，掺量过大，可能会影响混凝土的其他性能，甚至造成严重的质量事故。在没有可靠资料供参考时，其最佳掺量应通过现场试验来确定。

3. 掺入方法选择

混凝土外加剂的掺入方法往往对其作用效果具有较大的影响，因此，必须根据外加剂的特点及施工现场的具体情况来选择适宜的掺入方法。将颗粒状外加剂与其他固体物料直接投入搅拌机内的分散效果，一般不如混入或溶解于拌和水中的外加剂更容易分散。

4. 施工工序质量控制

对掺有混凝土外加剂的混凝土应做好各施工工序的质量控制，尤其是对计量、搅拌、运输、浇筑工序，必须严格加以要求。

5. 材料保管

混凝土外加剂应按不同品种、规格、型号分别存放和严格管理，并有明显标志。已经结块或沉淀的外加剂在使用前应进行必要的试验以确定其效果，并应进行适当的处理使其恢复均匀分散状态。

第二节　技　术　要　求

受检混凝土的技术要求见表5-3。

表 5-3

受检混凝土性能指标

项目	高性能减水剂(HPWR) 早强型 HPWR-A	高性能减水剂(HPWR) 标准型 HPWR-S	高性能减水剂(HPWR) 缓凝型 HPWR-R	高效减水剂(HWR) 标准型 HWR-S	高效减水剂(HWR) 缓凝型 HWR-R	普通减水剂(WR) 早强型 WR-A	普通减水剂(WR) 标准型 WR-S	普通减水剂(WR) 缓凝型 WR-R	引气减水剂 AEWR	泵送剂 PA	早强剂 Ac	缓凝剂 Re	引气剂 AE
减水率 /%	≥25%	≥25%	≥25%	≥14%	≥14%	≥8%	≥8%	≥8%	≥10%	≥12%	—	—	≥6%
泌水率比 /%	≤50%	≤60%	≤70%	≤90%	≤100%	≤95%	≤100%	≤100%	≤70%	≤70%	≤100%	≤100%	≤70%
含气量 /%	≤6.0%	≤6.0%	≤6.0%	≤3.0%	≤4.5%	≤4.0%	≤4.0%	≤5.5%	≤3.0%	≤5.5%	—	—	≥3.0%
凝结时间之差 /min（初凝、终凝）	-90～+90	-90～+120	>+90	-90～+120	>+90	-90～+90	-90～+120	>+90	-90～+120	—	-90～+90	>+90	-90～+120
1h经时变化量 坍落度 /mm	—	≤80	≤60				—	—		≤80			
1h经时变化量 含气量 /mm	—	—	—						-1.5～+1.5				-1.5～+1.5

建筑材料与检测

项目		外加剂品种													
		高性能减水剂（HPWR）			高效减水剂（HWR）		普通减水剂（WR）			引气减水剂 AEWR	泵送剂 PA	早强剂 Ac	缓凝剂 Re	引气剂 AE
		早强型 HPWR-A	标准型 HPWR-S	缓凝型 HPWR-R	标准型 HWR-S	缓凝型 HWR-R	早强型 WRIA	标准型 WR-S	缓凝型 WR-R					
抗压强度比	1d	≥180%	≥170%	—	≥140%	—	≥135%	—	—	—	—	≥135%	—	—
	3d	≥170%	≥160%	—	≥130%	—	≥130%	≥115%	—	≥115%	—	≥130%	—	≥95%
	7d	≥145%	≥150%	≥140%	≥125%	≥125%	≥110%	≥115%	≥110%	≥110%	≥115%	≥110%	≥100%	≥95%
	28d	≥130%	≥140%	≥130%	≥120%	≥120%	≥100%	≥110%	≥110%	≥100%	≥110%	≥100%	≥100%	≥90%
收缩率比	28d	≤110%	≤110%	≤110%	≤135%	≤135%	≤135%	≤135%	≤135%	≤135%	≤135%	≤135%	≤135%	≤135%
相对耐久性（200次）		—	—	—	—	—	—	—	—	≥80%	—	—	—	—

注：
1. 除含气量和相对耐久性、收缩率比外，表中所列数据为掺外加剂混凝土与基准混凝土的差值或比值。
2. 凝结时间之差性能指标中的"—"号表示无要求。
3. 相对耐久性（200次）性能指标中的"＞80"表示将28d龄期的受检混凝土试件快速冻融循环200次后，动弹性模量保留值80%。
4. 1h含气量经时变化量指标中的"—"号表示含气量增加，"+"号表示含气量减少。
5. 其他品种的外加剂需要测定相对耐久性指标，由供需双方协商确定。
6. 当用户对泵送剂等产品有特殊要求时，需要进行的补充试验项目、试验方法及指标，由供需双方协商决定。

第三节 检验依据、取样及留样规则

一、检验依据

《混凝土外加剂》(GB 8076—2008);

《混凝土外加剂匀质性试验方法》(GB/T 8077—2012);

《混凝土防冻剂》(JC/T 475—2004);

《混凝土膨胀剂》(GB/T 23439—2009);

《喷射混凝土用速凝剂》(JC/T 477—2005);

《钢筋阻锈剂应用技术规程》(YB/T 9231—2009);

《钢筋阻锈剂应用技术规程》(JGJ/T 192—2009);

《水泥混凝土养护剂》(JC/T 901—2002);

《混凝土界面处理剂》(JC/T 907—2002);

《水工混凝土外加剂技术规程》(DL/T 5100—2014);

《混凝土外加剂应用技术规范》(GB 50119—2013)。

二、取样及留样规则

1. 批号

生产商应根据产量和生产设备条件,将产品分批编号,对于膨胀剂,日产超过 200t 时以 200t 为一编号,不足 200t 时,以日产量为一编号。对于其他外加剂,掺量不小于 1% 同品种的外加剂每一批号为 100t,掺量小于 1% 同品种外加剂每一批号为 50t,不足 100t 或 50t 的也按一个批量计。

2. 取样数量

对膨胀剂,每一批号取样数量不小于 10kg;对于其他外加剂,每一批号取样数量不少于 0.2t 水泥所需用的外加剂量。

3. 留样

每一批号取样应充分混匀,分为两等份,其中一份进行试验,另一份密封保存半年,以备有疑问时进行复验或仲裁。

第六章

骨 料

第一节 概 述

一、定义

骨料是在混凝土中起骨架或填充作用的粒状松散材料。骨料作为混凝土的主要原料,在建筑物中起骨架和支撑作用。

二、分类

骨料按材料来源划分,可分为天然骨料和人工骨料两大类。天然骨料指天然砂、砾石经筛分、冲洗而制成的混凝土骨料。人工骨料指开采的石料经过破碎、筛分、冲洗而制成的混凝土骨料。

骨料按粒径大小划分,可分为粗骨料和细骨料两大类。粒径小于5mm的颗粒称为细骨料,俗称砂。粒径大于5mm的颗粒称为粗骨料,俗称石子。

1. 细骨料

细骨料按细度模数分为粗、中、细三种规格:

(1)当细度模数在1.6～2.2时,为细砂,当细度模数在0.7～1.5时,为特细砂;

(2)当细度模数在2.3～3.0时,为中砂;

(3)当细度模数在3.1～3.7时,为粗砂。

2. 粗骨料

粗骨料按粒径宜分为小石、中石、大石和特大石四级,分别为5～20mm、20～40mm、40～80mm和80～150(120)mm,用符号分别表示为D_{20}、D_{40}、D_{80}、D_{150}(D_{120})。

粗骨料按粒径可分为下列几种粒径组合:

(1)当最大粒径为40mm时,分成D_{20}、D_{40}两级;

（2）当最大粒径为 80mm 时，分成 D_{20}、D_{40}、D_{80} 三级；

（3）当最大粒径为 150（120）mm 时，分成 D_{20}、D_{40}、D_{80}、D_{150}（D_{120}）四级。

第二节 技 术 要 求

一、细骨料质量要求

根据《水工混凝土施工规范》（SL 677—2014）的有关规定，大中型水利水电工程细骨料的品质要求如下：

（1）细骨料应质地坚硬、清洁、级配良好；人工砂的细度模数宜在 2.4～2.8 范围内，天然砂的细度模数宜在 2.2～3.0 范围内。使用中砂、粗砂、特细砂应经过试验论证。

（2）细骨料的表面含水率不宜超过 6%，并保持稳定，必要时应采取加速脱水措施。

（3）细骨料的其他品质要求应符合表 6-1 的规定。

表 6-1　　　　　　　　细骨料的品质要求

序号	检测项目		指　　标	
			天然砂	人工砂
1	表观密度/（kg/m³）		>2500	
2	细度模数		2.2～3.0	2.4～2.8
3	石粉含量		—	6%～18%
4	表面含水率		≤6%	
5	含泥量	设计龄期强度等级≥30MPa 和有抗冻要求的混凝土	≤3%	—
		设计龄期强度等级<30MPa	≤5%	
6	坚固性	有抗冻和抗侵蚀要求的混凝土	≤8%	
		无抗冻要求的混凝土	≤10%	
7	泥块含量		不允许	
8	硫化物及硫酸盐含量		≤1%	
9	云母含量		≤2%	
10	有机质含量		浅于标准色	不允许
11	轻物质含量		≤1%	—

二、粗骨料质量要求

根据 SL 677—2014 的有关规定,大中型水利水电工程粗骨料的品质要求如下:

(1) 粗骨料应质地坚硬、清洁、级配良好,如有裹粉、裹泥或污染等应清除。

(2) 应控制各级骨料的超、逊径含量。以原孔筛检验,其控制标准为超径不大于 5%,逊径不大于 10%;当以超、逊径筛检验时,其控制标准为超径为 0,逊径不大于 2%。

(3) 各级骨料应避免分离。D_{20}、D_{40}、D_{80} 和 D_{150}(D_{120})分别采用孔径 [10mm 、30mm、60mm 和 115(100)mm] 的中径方孔筛检验,中径筛余率宜在 40%~70% 范围内。

(4) 粗骨料的最大粒径:不应超过钢筋最小净间距的 2/3、构件断面最小尺寸的 1/4、素混凝土板厚的 1/2。对少筋或无筋混凝土,应选用较大的骨料粒径。

(5) 粗骨料的压碎指标值应符合表 6-2 的规定。粗骨料的其他品质要求应符合表 6-3 的规定。

表 6-2   **粗骨料压碎指标值**

序号	骨料类别		设计龄期混凝土抗压强度等级/MPa	
			≥30	<30
1	碎石	沉积岩	≤10%	≤16%
		变质岩	≤12%	≤20%
		岩浆岩	≤13%	≤30%
2	卵石		≤12%	≤16%

表 6-3   **粗骨料的其他品质要求**

序号	检测项目		指 标
1	表观密度/(kg/m³)		≥2550
2	吸水率	有抗冻和抗侵蚀要求的混凝土	≤1.5%
		无抗冻要求的混凝土	≤2.5%
3	含泥量	D_{20}、D_{40} 粒径级	≤1%
		D_{80}、D_{150}(D_{120})粒径级	≤0.5%

序号		检测项目	指标
4	坚固性	有抗冻和抗侵蚀要求的混凝土	≤5%
		无抗冻要求的混凝土	≤12%
5	软弱颗粒含量	设计龄期强度等级≥30MPa和有抗冻要求的混凝土	≤5%
		设计龄期强度等级<30MPa	≤10%
6	针片状颗粒含量	设计龄期强度等级≥30MPa和有抗冻要求的混凝土	≤15%
		设计龄期强度等级<30MPa	≤25%
7		泥块含量	不允许
8		硫化物及硫酸盐含量	≤0.5%
9		有机质含量	浅于标准色

第三节　检验依据及验收规则

一、检验依据

检验依据为《水工混凝土试验规程》(SL 352—2006)。

二、一般要求

骨料应经检验合格后方可使用。细骨料应按同料源每600～1200t 为一批,检测细度模数、石粉含量(人工砂)、含泥量、泥块含量和含水率;粗骨料应按同料源、同规格碎石每2000t 为一批,卵石每 1000t 为一批,检测超径、逊径、针片状、含泥量、泥块含量。若其中一项或几项检验不合格,应从同一批成品中加倍抽样对该项进行复验。当复验仍不符合规范要求的,则应按不合格品处理。

每批产品的检验报告,内容应包括产地、类别、规格、数量、检验日期、检测项目及结果、结论等内容。

三、取样

骨料取样应按下列规定执行：

1. 骨料验收批取样方法

（1）在料堆上取样时，取样部位应均匀分布。取样前先将取样部位表层铲除，然后由各部位抽取大致相等的砂共 8 份，石料为 16 份，各自组成一组样品。

（2）从皮带运输机上取样时，应在皮带运输机机尾的出料处用接料器定时抽取砂 4 份、石 8 份各自组成一组样品。

（3）从火车、汽车、货船上取样时，从不同部位和深度抽取大致相等的砂、石料。

2. 每组样品的取样数量

对每一单项试验，砂、石料应分别不小于表 6-4、表 6-5 所规定的最少取样数量；须做几项试验时，如确能保证样品经一项试验后不致影响另一项试验的结果，可用同组样品进行几项不同的试验。

表 6-4　　　每一试验项目所需砂的最少取样数量

序号	检测项目	最少取样数量/g
1	筛分析	4400
2	表观密度	2600
3	含泥量	4400
4	石粉含量	4400
5	泥块含量	20000
6	有机质含量	2000
7	云母含量	600
8	轻物质含量	3200
9	坚固性	分成公称粒级 2.5～5.0mm、1.25～2.5mm、0.63～1.25mm、0.315～0.63mm，每个粒级各需 100g
10	硫酸盐及硫化物含量	50

表 6-5　　　　每一试验项目所需石料的最少取样数量

序号	检测项目	最大公称粒径/mm			
		20	40	80	150(120)
1	筛分析/kg	16	32	64	128
2	表观密度/kg	8	16	24	32
3	含泥量/kg	24	40	80	120
4	泥块含量/kg	24	40	80	120
5	坚固性	分成公称粒级 5～10mm、10～20mm、20～40mm、40～80mm、80～150(120)mm,每个粒级各需 1.5kg			
6	压碎指标	粒径 10～20mm,12kg			
7	吸水率/kg	16	24	32	40
8	针片状颗粒含量/kg	8	40	——	——
9	有机质含量	粒径小于 20mm,4kg			
10	硫酸盐及硫化物含量/kg	1.0			

四、必检项目

1. 骨料生产和验收检验

（1）骨料生产的质量，每 8h 应检测一次。检测项目：细骨料的细度模数、石粉含量（人工砂）、含泥量和泥块含量；粗骨料的超径、逊径、含泥量和泥块含量。

（2）成品骨料出厂品质检测：细骨料应按同料源每 600～1200t 为一批，检测细度模数、石粉含量（人工砂）、含泥量、泥块含量和含水率；粗骨料应按同料源、同规格碎石每 2000t 为一批，卵石每 1000t 为一批，检测超径、逊径、针片状、含泥量、泥块含量。

（3）使用单位每月按表 6-1、表 6-2 和表 6-3 中的指标进行 1～2 次抽样全检验。必要时应进行碱活性检验。

2. 混凝土生产过程中的骨料检验

（1）砂、小石的表面含水率，每 4h 应检测 1 次，雨雪天气等特殊情况应加密检测。

（2）砂的细度模数和人工砂的石粉含量、天然砂的含泥量每天检测 1 次。当砂的细度模数超出控制中值±0.2 时，应调整配料单的砂率。

（3）粗骨料的超逊径、含泥量每 8h 应检测 1 次。

（4）拌和楼骨料按表 6-1、表 6-2 和表 6-3 所列项目，应每月进行 1 次检验。

第七章

混凝土拌和用水

第一节 概 述

混凝土用水是指混凝土拌和用水和混凝土养护用水的总称,包括饮用水、地表水、地下水、再生水、混凝土企业设备洗刷水和海水等。

水作为混凝土拌和水,其作用是与水泥中硅酸盐、铝酸盐及铁铝酸盐等矿物成份发生化学反应,产生具有胶凝性能的水化物,将砂、石等材料胶结成混凝土,并使之具有许多优良建筑性能,而广泛地应用于建筑工程。

一、饮用水

供人生活的饮水和生活用水。

二、地表水及地下水

1. 地表水

存在于江、河、湖、塘、沼泽和冰川等中的水。

2. 地下水

存在于岩石缝隙或土壤孔隙中可以流动的水。

三、再生水

指污水经适当再生工艺处理后具有使用功能的水。

第二节 技 术 要 求

混凝土是碱性物质,若混凝土用水含有无机盐电解质、可溶性硫酸盐、氯化物、某些有机物及水的 pH 值较低,都会对混凝土凝结硬化及其性能产生影响。

（1）混凝土拌和用水水质要求应符合表 7-1 的规定。对于设计使用年限为 100 年的结构混凝土，氯离子含量不得超过 500mg/L；对使用钢丝或经热处理钢筋的预应力混凝土，氯离子含量不得超过 350mg/L。

表 7-1　　　　混凝土拌和用水水质要求

项　目	预应力混凝土	钢筋混凝土	素混凝土
pH 值	≥5.0	≥4.5	≥4.5
不溶物/(mg/L)	≤2000	≤2000	≤5000
可溶物/(mg/L)	≤2000	≤5000	≤10000
Cl^-/(mg/L)	≤500	≤1000	≤3500
SO_4^{2-}/(mg/L)	≤600	≤2000	≤2700
碱含量/(mg/L)	≤1500	≤1500	≤1500

注：1. 碱含量按 $Na_2O+0.658K_2O$ 计算值来表示。采用非碱活性骨料时，可不检验碱含量。

2. 地表水、地下水、再生水的放射性应符合现行国家标准《生活饮用水卫生标准》(GB 5749—2006)的规定。

3. 资料来源：《混凝土用水标准》(JGJ 63—2006)。

（2）被检验水样应与饮用水样进行水泥凝结时间对比试验。对比试验的水泥初凝时间差及终凝时间差均不应大于 30min；同时，初凝和终凝时间应符合现行国家标准 GB 175—2007 的规定。

（3）被检验水样应与饮用水样进行水泥胶砂强度对比试验，被检验水样配制的水泥胶砂 3d 和 28d 强度不应低于饮用水配制的水泥胶砂 3d 和 28d 强度的 90%。

（4）混凝土拌和用水不应有漂浮明显的油脂和泡沫，不应有明显的颜色和异味。

（5）混凝土企业设备洗刷水不宜用于预应力混凝土、装饰混凝土、加气混凝土和暴露于腐蚀环境的混凝土；不得用于使用碱活性或潜在碱活性骨料的混凝土。

(6)未经处理的海水严禁用于钢筋混凝土和预应力混凝土。

第三节 检验依据及取样规则

一、混凝土拌和水品质检测依据

《混凝土用水标准》(JGJ 63—2006);

《生活饮用水卫生标准》(GB 5749—2006)。

二、取样规则

(1)水质检验水样不应少于5L;用于测定水泥凝结时间和胶砂强度的水样不应少于3L。

(2)采集水样的容器应无污染;容器应用待采集水样冲洗三次再灌装,并应密封待用。

(3)地表水宜在水域中心部位、距水面100mm以下采集,并应记载季节、气候、雨量和周边环境的情况。

(4)地下水应在放水冲洗管道后接取,或直接用容器采集;不得将地下水积存于地表后再从中采集。

(5)再生水应在取水管道终端接取。

(6)混凝土企业设备洗刷水应沉淀后,在池中距水面100mm以下采集。

三、检验期限和频率

(1)水质全部项目检验宜在取样后7d内完成。

(2)放射性检验、水泥凝结时间检验和水泥胶砂强度成型宜在取样后10d内完成。

(3)地表水、地下水和再生水的放射性应在使用前检验;当有可靠资料证明无放射性污染时,可不检验。

(4)地表水、地下水、再生水和混凝土企业设备洗刷水在使用前应进行检验;在使用期间,检验频率宜符合下列要求:

1)地表水每6个月检验一次;

2)地下水每年检验一次;

3）再生水每 3 个月检验一次；在质量稳定一年后，可每 6 个月检验一次；

4）混凝土企业设备洗刷水每 3 个月检验一次；在质量稳定一年后，可一年检验一次；

5）当发现水受到污染和对混凝土性能有影响时，应立即检验。

第八章

混　凝　土

第一节　普通混凝土配合比设计

一、分类

普通混凝土配合比设计用于施工建设时分下列四个阶段：

（1）初步配合比设计阶段，根据配制强度和设计强度相互间关系，用水灰比计算方法，水量、砂率查表方法以及砂石材料计算方法等确定计算初步配合比。

（2）施工配合比设计阶段，根据实测砂石含水率进行配合比调整，提出施工配合比。

（3）基准配合比设计阶段，根据强度验证原理和密度修正方法，确定每立方米混凝土的材料用量。

（4）试验室配合比设计阶段，根据施工条件的差异和变化、材料质量的可能波动调整配合比。

二、混凝土配合比设计

混凝土配合比设计，应根据工程要求、结构型式、设计指标、施工条件和原材料状况，通过试验确定各组成材料的用量。混凝土施工配合比选择应经综合分析比较，合理降低水泥用量。室内试验确定的配合比还应根据现场情况进行必要的调整。混凝土配合比应经批准后使用。

混凝土强度等级（标号）和保证率应符合设计规定。

骨料最大粒径不应超过钢筋最小净间距的2/3、构件断面最小尺寸的1/4、素混凝土板厚的1/2。对少筋或无筋混凝土，应选用较大的骨料最大粒径。受海水、盐雾或侵蚀性介质影响的钢筋混凝土面层，骨料最大粒径不宜大于钢筋保护层厚度。

粗骨料级配及砂率选择，应根据混凝土施工性能要求通过试验确定。粗骨料宜采用连续级配。当采用胶带机输送混凝土拌和物时，可适当增加砂率。

混凝土的坍落度，应根据建筑物的结构断面、钢筋间距、运输距离和方式、浇筑方法、振捣能力以及气候环境等条件确定，并宜采用较小的坍落度。混凝土在浇筑时的坍落度，可参照表 8-1 选用。

表 8-1 　　　　　　混凝土在浇筑时的坍落度　　　（单位：mm）

混凝土类别	坍落度
素混凝土	10～40
配筋率不超过 1% 的钢筋混凝土	30～60
配筋率超过 1% 的钢筋混凝土	50～90
泵送混凝土	140～220

注：在温度控制要求或高、低温季节浇筑混凝土时，其坍落度可根据实际情况酌量增减。

大体积内部常态混凝土的胶凝材料用量不宜低于 $140kg/m^3$，水泥熟料含量不宜低于 $70kg/m^3$。

混凝土的水胶比应根据设计对混凝土性能的要求，经试验确定，且不应超过表 8-2 的规定。

表 8-2 　　　　　　　水胶比最大允许值

部　位	严寒地区	寒冷地区	温和地区
上、下游水位以上(坝体外部)	0.50	0.55	0.60
上、下游水位变化区(坝体外部)	0.40	0.50	0.55
上、下游最低水位以下(坝体外部)	0.50	0.55	0.60
基　础	0.50	0.55	0.60
内　部	0.50	0.55	0.60
受水流冲刷部位	0.45	0.50	0.50

注：1. 在有环境水侵蚀情况下，水位变化区外部及水下混凝土最大允许水胶比减小 0.05。

2. 表中规定的水胶比最大允许值，已考虑了掺用减水剂和引气剂的情况，否则酌情减小 0.05。

使用碱活性骨料时,应采取抑制措施并专门论证,混凝土总碱含量最大允许值不应超过 $3.0\text{kg}/\text{m}^3$。

普通混凝土配合比计算步骤如下:

(1)计算出要求的试配强度 $f_{\text{cu},0}$,并得出所相应的水胶比值;

(2)选取每立米混凝土的用水量,并由此计算出每立米混凝土的水泥用量;

(3)选取合理的砂率值,计算出粗、细骨料的用量,提出供试配用的计算配合比。

1. 混凝土配制强度的确定

混凝土的施工配制强度按下式计算:

$$f_{\text{cu},0} = f_{\text{cu},k} + t\sigma \qquad (8\text{-}1)$$

式中:$f_{\text{cu},0}$ ——混凝土的施工配制强度,MPa;

$f_{\text{cu},k}$ ——设计的混凝土立方体抗压强度标准值,MPa;

t ——保证率系数,由给定的保证率 P 选定,其值按表 8-3 选用;

σ ——混凝土强度标准差,MPa。

表 8-3   保证率和保证率系数的关系

保证率 P	70.5	75.0	80.0	84.1	85.0	90.0	95.0	97.7	99.9
保证率系数 t	0.525	0.675	0.840	1.0	1.040	1.280	1.645	2.0	3.0

混凝土抗压强度标准差 σ,宜按同品种混凝土抗压强度统计资料确定。

(1)统计时,混凝土抗压强度试件总数应不少于 30 组。

(2)根据近期相同抗压强度、生产工艺和配合比基本相同的混凝土抗压强度资料,混凝土抗压强度标准差 σ 应按式(8-2)计算:

$$\sigma = \sqrt{\frac{\sum_{i=1}^{N} f_{\text{cu},i}^2 - N\mu f_{\text{cu}}^2}{N-1}} \qquad (8\text{-}2)$$

式中:$f_{\text{cu},i}$ ——混凝土第 i 组试件强度值,MPa;

f_{cu} ——混凝土 N 组试件强度的平均值，MPa；

N ——混凝土试件组数。

当混凝土设计龄期立方体抗压强度标准值不大于 25MPa，其抗压强度标准差 σ 计算值小于 2.5MPa 时，计算配制强度用的标准差应取不小于 2.5MPa；当混凝土设计龄期立方体抗压强度标准值不小于 30MPa，其抗压强度标准差计算值小于 3.0MPa 时，计算配制强度用的标准差应取不小于 3.0MPa。

当无近期同品种混凝土抗压强度统计资料时，σ 值可按表 8-4 选用。施工中应根据现场施工时段强度的统计结果调整 σ 值。

表 8-4   **标准差 σ 取值表**   （单位：MPa）

设计龄期抗压强度标准值	$\leqslant 15$	$20\sim 25$	$30\sim 35$	$40\sim 45$	$\geqslant 35$
混凝土抗压强度标准差 σ	3.5	4.0	4.5	5.0	5.5

（3）计算出所要求的水灰比值（混凝土强度等级小于 C60 时）：

$$\frac{W}{C} = \frac{\alpha_a \cdot f_{ce}}{f_{cu,0} + \alpha_a \cdot \alpha_b \cdot f_{ce}} \tag{8-3}$$

式中：α_a、α_b ——回归系数；

f_{ce} ——水泥 28d 抗压强度实测值，MPa；

W/C ——混凝土所要求的水灰比。

1）回归系数 α_a、α_b 通据工程所使用的原材料，通过试验建立的水胶比与混凝土强度关系式来确定，若无试验统计资料，回归系数可按表 8-5 选用。

表 8-5   **回归系数 α_a、α_b 选用表**

回归系数	碎石	卵石
α_a	0.53	0.49
α_b	0.20	0.13

2）当无水泥 28d 实测强度数据时，式中 f_{ce} 值可用水泥强度等级值（MPa）乘上一个水泥强度等级的富余系数 γ_c，富

余系数 γ_c 可按实际统计资料确定,无资料时水泥等级为 32.5 可取 $\gamma_c=1.12$,水泥等级为 42.5 可取 $\gamma_c=1.16$,水泥等级为 52.5 可取 $\gamma_c=1.10$。

3) 计算所得的混凝土水灰比值应根据混凝土抗渗、抗冻等级和其他性能要求和允许的最大水胶比限值选定,如果计算所得的水灰比大于表 8-2 所规定的最大水灰比值时,应按表 8-2 取值。

2. 选取每立方米混凝土的用水量和水泥用量

(1) 选取用水量:

1) W/C 在 $0.4\sim0.7$ 范围时,根据粗骨料的品种及施工要求的混凝土拌和物的稠度,其用水量可按表 8-6、表 8-7 取用。

表 8-6 　干硬性混凝土的用水量 　（单位：kg/m³）

拌和物稠度		卵石最大粒径/mm			碎石最大粒径/mm		
项目	指标	10	20	40	16	20	40
维勃稠度 /s	16～20	175	160	145	180	170	155
	11～15	180	165	150	185	175	160
	5～10	185	170	155	190	180	165

表 8-7 　常态(普通)混凝土的用水量 　（单位：kg/m³）

拌和物稠度		卵石最大粒径/mm				碎石最大粒径/mm			
项目	指标	20	40	80	150	20	40	80	150
坍落度 /mm	10～30	160	140	120	105	175	155	135	120
	35～50	165	145	125	110	180	160	140	125
	55～70	170	150	130	115	185	165	145	130
	75～90	175	155	135	120	190	170	150	135

注：1. 本表适用于细度模数为 2.6～2.8 的天然中砂。当使用细砂或粗砂时,用水量需增加或减少 3～5kg/m³;

2. 采用人工砂,用水量增加 5～10kg/m³;

3. 掺用火山灰质掺合料时,用水量需增加 10～20kg/m³;采用Ⅰ级粉煤灰时,用水量可减少 5～10kg/m³;

4. 采用外加剂时,用水量应根据外加剂的减水作适当调整,外加剂的减水率应通过试验确定;

5. 本表适用于骨料含水状态为饱和面干状态。

2）W/C 小于 0.4 的混凝土或采用特殊成型工艺的混凝土用水量应通过试验确定。

3）掺外加剂时的混凝土用水量可按下式计算：

$$m_{wa} = m_{w0}(1 - \beta) \qquad (8-4)$$

式中：m_{wa} —— 掺外加剂混凝土每立方米混凝土的用水量，kg；

$\qquad m_{w0}$ —— 未掺外加剂混凝土每立方米混凝土的用水量，kg；

$\qquad \beta$ —— 外加剂的减水率，%。

外加剂的减水率应经试验确定。

（2）计算每立方米混凝土的水泥用量。每立方米混凝土的水泥用量（m_{c0}）可按下式计算：

$$m_{c0} = \frac{m_{w0}}{W/C} \qquad (8-5)$$

3. 选取混凝土砂率值，计算粗细骨料用量

（1）选取砂率值。混凝土配合比宜选取最优砂率。最优砂率应通过试验选取。

1）坍落度小于 10mm 时，混凝土的砂率应通过试验选取。

2）坍落度为 10～60mm 的混凝土砂率，可按粗骨料品种、规格及混凝土的水灰比在表 8-8 中进行初选，并通过试验最后确定。

3）坍落度大于 60mm 的混凝土砂率，可经试验确定，也可在表 8-7 的基础上，按坍落度每增大 20mm，砂率增大 1% 的幅度予以调整。

（2）计算粗、细骨料的用量，算出供试配用的配合比。在已知混凝土用水量、水泥用量和砂率的情况下，可用体积法或重量法求出粗、细骨料的用量，从而得出混凝土的初步配合比。

表 8-8　　　　　　　混凝土的砂率初选表

骨料最大粒径 /mm	水胶比			
	0.40	0.50	0.60	0.70
20	36%～38%	38%～40%	40%～42%	42%～44%
40	30%～32%	32%～34%	34%～36%	36%～38%
80	24%～26%	26%～28%	28%～30%	30%～32%
150	20%～22%	22%～24%	24%～26%	26%～28%

注：1. 本表适用于卵石、细度模数为 2.6～2.8 的天然中砂拌制的混凝土；

2. 砂的细度模数每增减 0.1，砂率相应增减 0.5%～1.0%；

3. 使用碎石时，砂率需增加 3%～5%；

4. 使用人工砂时，砂率需增加 2%～3%；

5. 掺用引气剂时，砂率可减少 2%～3%；掺用粉煤灰时，砂率可减少1%～2%。

1）体积法。体积法又称绝对体积法。这个方法是假设混凝土组成材料绝对体积的总和等于混凝土的体积，因而得到下列方程式，并解之。

$$\frac{m_{c0}}{\rho_c} + \frac{m_{g0}}{\rho_g} + \frac{m_{s0}}{\rho_s} + \frac{m_{w0}}{\rho_w} + 0.01\alpha = 1 \qquad (8\text{-}6)$$

$$\beta_s = \frac{m_{s0}}{m_{g0} + m_{s0}} \times 100\% \qquad (8\text{-}7)$$

式中：m_{m0} ——每立方米混凝土的水泥用量，kg/m^3；

m_{g0} ——每立方米混凝土的粗骨料用量，kg/m^3；

m_{s0} ——每立方米混凝土的细骨料用量，kg/m^3；

m_{w0} ——每立方米混凝土的用水量，kg/m^3；

ρ_c ——水泥密度，g/cm^3，可取 2900～3100，kg/m^3；

ρ_g ——粗骨料的表观密度，g/cm^3；

ρ_s ——细骨料的表观密度，g/cm^3；

ρ_w ——水的密度，kg/m^3，可取 1000，kg/m^3；

α ——混凝土含气量百分数，%，在不使用含气型外掺剂时可取 $\alpha=1$；

β_s ——砂率，%。

2）重量法。重量法又称为假定重量法。这种方法是假定混凝土拌和料的重量为已知，从而可求出单位体积混凝土的骨料总用量（重量），进而分别求出粗、细骨料的重量，得出混凝土的配合比。方程式如下：

$$m_{c0} + m_{g0} + m_{s0} + m_{w0} = m_{cp} \qquad (8\text{-}8)$$

$$\beta_s = \frac{m_{s0}}{m_{g0} + m_{s0}} \times 100\% \qquad (8\text{-}9)$$

式中：m_{cp} —— 每立方米混凝土拌和物的假定重量，kg/m^3，其值可取 $2350 \sim 2450 kg/m^3$。

其他符号同体积法。

4. 普通混凝土拌和物的试配和调整

按照工程中实际使用的材料和搅拌方法，根据计算出的配合比进行试拌。混凝土试拌的数量不应少于表 8-9 所规定的数值，如需要进行抗冻、抗渗或其他项目试验，应根据实际需要计算用量。采用机械搅拌时，拌和量应不小于该搅拌机额定搅拌量的四分之一。

表 8-9　　　　　　　混凝土试配的最小搅拌量

骨料最大粒径/mm	拌和物数量/L
20	15
40	25
≥80	40

按计算的配合比进行试拌，根据坍落度、含气量、泌水、离析等情况判断混凝土拌和物的工作性，对初步确定的用水量、砂率、外加剂掺量等进行适当调整。用选定的水胶比和用水量，变动 4～5 个砂率每次增减砂率 1%～2% 进行试拌，坍落度最大时的砂率即为最优砂率。用最优砂率试拌，调整用水量至混凝土拌和物满足工作性能要求。

如果试拌的混凝土坍落度不能满足要求或保水性不好，应在保证水灰比条件下相应调整用水量或砂率，直到符合要求为止。然后提出供检验混凝土强度用的基准配合比。混凝土强度试块的边长,应不小于表 8-10 的规定。

表 8-10　　　　　　　混凝土立方体试块边长

骨料最大粒径/mm	试块边长/(mm×mm×mm)
≤30	100×100×100
≤40	150×150×150
≤60	200×200×200

制作混凝土强度试块时,至少应采用三个不同的配合比,其中一个是按上述方法得出的基准配合比,另外两个配合比的用水量不变,水胶比应较基准配合比分别增加或减少0.05,砂率值可相应增加或减少 1%。

当不同水灰比的混凝土拌和物坍落度与要求值的差超过允许偏差时,可通过增、减用水量进行调整。

制作混凝土强度试件时,尚需试验混凝土的坍落度、黏聚性、保水性及混凝土拌和物的表观密度,作为代表这一配合比的混凝土拌和物的各项基本性能。

每种配合比应至少制作一组(3 块)试件,标准养护 28d后进行试压;有条件的单位也可同时制作多组试件,供快速检验或较早龄期的试压,以便提前提出混凝土配合比供施工使用。但以后仍必须以标准养护 28d 的检验结果为准,据此调整配合比。

经过试配和调整以后,便可按照所得的结果确定混凝土的施工配合比。由试验得出的各水灰比值的混凝土强度,用作图法或计算求出混凝土配制强度、($f_{cu,0}$)相对应的水灰比。这样,初步定出混凝土所需的配合比,其值为:

用水量(m_w)——取基准配合比中的用水量值,并根据制作强度试件时测得的坍落度值或维勃稠度加以适当调整;

水泥用量(m_c)——以用水量乘以经试验选定出来的灰水比计算确定;

粗骨料(m_g)和细骨料(m_s)用量——取基准配合比中的粗骨料和细骨料用量,按选定灰水比进行适当调整后确定。

按上述各项定出的配合比算出混凝土的表观密度计算

值 $\rho_{c,c}$：

$$\rho_{c,c} = m_c + m_g + m_s + m_w \qquad (8\text{-}10)$$

再将混凝土的表观密度实测值除以表观密度计算值,得出配合比校正系数 δ：

$$\delta = \frac{\rho_{c,t}}{\rho_{c,c}} \qquad (8\text{-}11)$$

式中：$\rho_{c,t}$ ——混凝土表观密度实测值,kg/m^3；

$\rho_{c,c}$ ——混凝土表观密度计算值,kg/m^3。

当混凝土混凝土表观密度实测值与计算值之差的绝对值不超过计算值的 2% 时,按上述确定的配合比即为确定的设计配合比;当二者之差超过 2% 时,应将混凝土配合比中每项材料用量均乘以校正系数 δ,即为最终确定的配合比设计值。

第二节　混凝土物理力学性能和耐久性能

一、概述

普通混凝土是由水、水泥、砂子和石子及掺合料与各种外加剂按一定的比例搅拌在一起,经凝结和硬化形成的人工石材,是一种多相复合材料。

混凝土组成结构是一个广泛的综合概念,包括从组成混凝土组分的原子、分子结构到混凝土宏观结构在内的不同层次的材料结构。

通常把混凝土的组成结构分为三种基本类型:微观结构即水泥石结构由水泥凝胶、晶体骨架、未水化完的水泥颗粒和凝胶孔组成,其物理力学性能取决于水泥的化学矿物成分、粉磨细度、水灰比和凝结硬化条件等;亚微观结构即水泥砂浆结构;宏观结构即砂浆和粗骨料两组分体系。

宏观结构与亚微观结构有许多共同点,可以把水泥砂浆看作基相,粗骨料分布在砂浆中,砂浆与粗骨料的界面是结合的薄弱面。骨料的分布以及骨料与基相之间在界面的结合强度也是重要的影响因素。

混凝土中的砂、石、水泥凝胶体中的晶体、未水化的水泥颗粒组成了错综复杂的弹性骨架，主要承受外力，并使混凝土具有弹性变形的特点。而水泥胶体中的凝胶、孔隙和界面初始微裂缝等，在外力作用下使混凝土产生塑性变形。

另一方面，混凝土中的孔隙、界面微裂缝等缺陷又往往是混凝土受力破坏的起源。在荷载作用下，微裂缝的扩展对混凝土的力学性能有着极为重要的影响。

由于水泥凝胶体需要较长时间才能完成硬化，故混凝土的强度和变形也随时间逐渐增长。

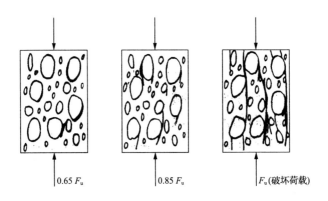

图 8-1　混凝土内部微裂缝发展过程

二、混凝土的力学性能

混凝土的力学性能主要包括抗压强度、抗拉强度、弹性模量、抗剪强度、抗弯强度等，都以 MPa 为单位。

（一）混凝土抗压强度

混凝土的强度与水泥强度等级、水灰比有很大关系，骨料的性质、混凝土的级配、混凝土成型方法、硬化时的环境条件及混凝土的龄期等也不同程度地影响混凝土的强度。试件的大小和形状、试验方法和加载速率也影响混凝土强度的试验结果，因此规定统一的混凝土强度试验方法。

1. 混凝土的立方体抗压强度 $f_{cu,k}$ 和强度等级

我国国家标准《普通混凝土力学性能试验方法标准》（GB/T 50081—2002）规定：以边长 150mm 立方体标准试件，在标准条件下（20℃±3℃，≥90% 相对湿度）养护 28d，用标准试验方法（加载速度 0.15～0.3N/（mm²·s），两端不涂润滑剂）测得的抗压强度为立方体抗压强度。

《混凝土结构设计规范》（GB 50010—2010，2015 年版）规定混凝土强度等级应按立方体抗压强度标准值 $f_{cu,k}$ 确定，即用上述标准试验方法测得的具有 95% 保证率（混凝土强度总体分布的平均值减去 1.645 倍标准差）的立方体抗压强度作为混凝土的强度等级。

根据 GB 50010—2010（2015 年版），强度范围从 C15～C80 共划分为 14 个强度等级，级差为 5N/mm²，用符号 C 表示。例如，C30：$f_{cu,k}=30N/mm²$。C50 以上称为高强混凝土。

2. 混凝土的轴心抗压强度 f_{ck}

混凝土的轴心抗压强度与试件的形状有关，采用棱柱体比立方体能更好的反映混凝土结构的实际抗压能力。故采用混凝土的棱柱体试件测得的抗压强度成为轴心抗压强度。

GB/T 50081—2002 规定：以 150mm×150mm×300mm 的棱柱体作为混凝土轴心抗压强度的标准试件。棱柱体试件与立方体试件的制作条件相同，试件上下表面不涂润滑剂。棱柱体的抗压试验及试件破坏情况如图 8-2 所示。

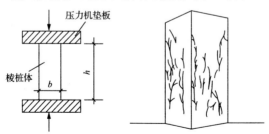

图 8-2 混凝土轴心抗压试验

在确定棱柱体试件尺寸的同时,一方面要考虑到试件具有足够的高度以不受试验机压板与试件承压面间摩擦力的影响,在试件的中间区段形成纯压状态,同时也要考虑到避免试件过高,在破坏前产生较大的附加偏心而降低抗压极限强度。根据资料,一般认为试件的高宽比为 2～3 时,可以基本消除上述两种因素的影响。

由于棱柱体试件的高度越大,试验机压板与试件之间摩擦力对试件高度中部的横向变形的约束影响越小,所以棱柱体试件的抗压强度都比立方体的强度值小,并且高宽比越大,强度越小。但是,当高宽比达到一定值后,这种影响就不明显了。

GB 50010—2010 规定以上述棱柱体试件测得的具有 95% 保证率的抗压强度为混凝土轴心抗压强度标准值,用 f_{ck} 表示。

试验统计表明:棱柱体轴心抗压强度 f_c 与立方体抗压强度 f_{cu} 大致成直线关系,其比值在 0.70～0.92 的范围内变化。

3. 混凝土的轴心抗拉强度 f_{tk}

抗拉强度是混凝土的基本力学指标之一,也可以用它间接地衡量混凝土的冲切强度等其他力学性能。

混凝土的轴心抗拉强度可以采用直接轴心受拉的试验方法来测定,但有相当的难度。所以通常采用下图所示的圆柱体或立方体的劈裂试验来间接测试混凝土的轴心抗拉强度。

根据弹性理论,劈拉强度 $f_{t,s}$ 可按下式来计算:

$$f_{t,s} = \frac{2P}{\pi a^2} = 0.637 \frac{P}{A} \tag{8-12}$$

式中:$f_{t,s}$——劈拉强度,MPa;

   a——立方体试件边长,mm;

   P——受压荷载,N;

   A——劈裂面积,mm²。

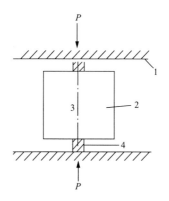

图 8-3　混凝土劈裂强度试验

1—压板；2—试件；3—成型时抹面；4—垫条

4. 弹性模量

在不同的应力阶段，混凝土应力-应变之比的变形模量是一个变数。混凝土的变形模量有如下三种表示方法。

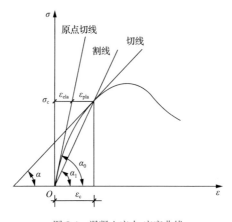

图 8-4　混凝土应力-应变曲线

（1）混凝土的弹性模量（即原点模量）。在应力-应变曲线原点做一切线，其斜率为混凝土的原点模量，称为弹性模量，用 E_c 表示。

$$E_c = \tan\alpha_0 \qquad (8\text{-}13)$$

弹性模量的测试方法:对标准尺寸 150mm×150mm×300mm 的棱柱体试件先加载至 $\sigma = 0.5 f_c$,然后卸载至零,在重复加载卸载 5~10 次。由于混凝土不是弹性材料,每次卸载至应力为零时,存在残余变形,随着加载次数的增加,应力-应变曲线基本上趋于直线。该直线的斜率即定为混凝土的弹性模量。

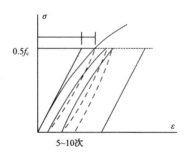

图 8-5　混凝土重复加载应变-应力曲线

(2)混凝土的变形模量。连接原点至曲线任一点应力为 σ_c 处割线的斜率,称为任一点割线模量,用 E_c' 表示。

$$E_c' = \tan\alpha_1 \qquad (8\text{-}14)$$

这时,总变形 ε_c 中包含弹性变形 ε_{ela} 和塑性变形 ε_{pla} 两部分,由此所确定的模量也可称为弹塑性模量或割线模量,在工程上常被使用。

从图 8-4 可以看出,割线模量随加荷应力的增大而减小。根据设计计算,混凝土的实际受力一般不会超过其极限强度的 40%,SL 352—2006 规定,在应力-应变曲线上对压应力为 0.5MPa 和压应力为混凝土破坏强度的 40% 两点截取割线,计算静力弹性模量。

(3)混凝土的切线模量。在混凝土应力-应变曲线上某一应力 σ_c 处做一切线,其应力增量与应变增量之比值称为相应于应力 σ_c 时的混凝土的切线模量。

$$E_c'' = \tan\alpha \qquad (8\text{-}15)$$

需要注意的是,混凝土不是弹性材料,不能用已知的混凝土应变乘以弹性模量值去求混凝土的应力。

混凝土的弹性模量与加荷速率有关,弹性模量随加荷速度的提高而加大,混凝土弹性模量随骨料弹性模量的增大而增加,也随混凝土强度提高而增加,还随混凝土龄期增长而增加。

5. 抗弯强度

混凝土抗弯强度实际上是弯曲抗拉强度,抗弯强度试验采用三分点加荷,试件尺寸为 15cm×15cm×55cm 或 10cm×10cm×51.5cm 棱柱体。

抗弯强度 R_f 计算公式为:

$$R_f = \frac{PL}{bh^2} \qquad (8\text{-}16)$$

式中:R_f——抗弯强度,MPa;

$\quad P$——破坏荷载,N;

$\quad L$——梁的跨度,mm;

$\quad h$——梁断面高度,mm;

$\quad b$——梁断面宽度,mm。

混凝土抗弯强度随梁断面尺寸的增加而减小,也随加荷速度的增大而增加。

6. 抗剪强度

混凝土抗剪强度与法向应力大小有直接关系。

混凝土抗剪强度试算公式为:

$$\tau = f'\sigma + c' \qquad (8\text{-}17)$$

式中:τ——抗剪强度,MPa;

$\quad f'$——摩擦系数;

$\quad \sigma$——法向应力,MPa;

$\quad c'$——黏聚力,MPa。

摩擦系数和黏聚力通过混凝土剪切试验求得,$f' = \tan\alpha$,c' 为直线截距。

SL 352—2006 规定,混凝土抗剪试验的试件尺寸为 15cm×15cm×15cm 立方体,水平剪切荷载的加荷速率为 0.4MPa/min,而对混凝土芯样一般为直径 100mm 或 200mm 的圆柱体试件。

混凝土的抗压强度高,其摩擦系数和黏聚力也高,混凝土抗剪强度随混凝土抗压强度的增大而增大。

三、混凝土耐久性能

混凝土耐久性,是混凝土在实际使用条件下抵抗各种破坏因素作用,长期保持强度和外观完整性的能力。主要包括抗冻融、抗渗性、抗碳化性和抗碱集料反应。主要取决于:混凝土抵抗腐蚀性介质侵入的能力;硬化后体积稳定性,体积稳定性好,无裂缝发生,抵抗腐蚀性介质侵入的性能好;硬化水泥浆中毛细管孔隙率,以及引入的空气量。

(一)抗冻性

1. 混凝土的冻害

由于混凝土毛细孔中的水分受到冻结,伴随着这种相变,产生膨胀压力;剩余的水分流到附近的孔隙和毛细管中。在水运动的过程中,产生膨胀压力及液体压力,使混凝土被破坏。这种现象称为混凝土的冻害。常见于高海拔或高纬度严寒地区。

混凝土的抗冻性是指混凝土在饱和水状态下,能经受多次冻融循环而不破坏,也不严重降低强度的性能。这是评定混凝土耐久性的主要指标之一。

根据混凝土所能承受的反复冻融循环的次数,划分为 F10、F15、F25、F50、F100、F150、F200、F250、F300 9 个等级。

冻结对混凝土的破坏力是水结冰体积膨胀造成的静水压力及冰水蒸气压差和溶液中盐浓度差造成的渗透压两者共同作用的结果。多次冻融交替循环使破坏作用累积,犹如疲劳作用,使冻结生成的微裂纹不断扩大。

2. 提高混凝土抗冻性的措施

(1)合理地选择集料(碎石、卵石);

(2)尽量用普通硅酸盐水泥,如掺粉煤灰等掺合料,要适

当增大含气量和引气剂剂量;

（3）在选定原材料后最关键的控制参数是含气量和水灰比;

（4）水灰比确定后,根据抗冻性要求,确定要求的含气量（3%～6%）。根据含气量确定引气剂掺量;

（5）因引入气泡造成混凝土强度有所降低,须调整混凝土配比（水灰比）,以弥补强度损失。

通常情况下,抗冻等级是以 28d 龄期的 100mm × 100mm×400mm,三个为一组的标准试件经快冻法或慢冻法测得的混凝土能够经受的最大冻融循环次数确定。

3. 抗冻性的试验及评价方法

（1）快速抗冻性试验方法。ASTM 速冻实验方法有两种,一种是饱水混凝土在水中冻结和融化,适用于自动化的冻融试验设备;另一种是在冷冻室的空气中冻结,然后移到室内的水池中融化。速冻法是目前普遍采用的一种方法。

将试件在 2～4h 冻融循环后,每隔 25 次循环作一次横向基频测量,计算其相对弹性模量和质量损失值,进而确定其经受快速冻融循环的次数。快冻法试验的评定指标为质量损失不超过 5%,相对动弹性模量不低于 60%。

（2）慢速抗冻性试验方法。慢冻试验的评定指标为质量损失不超过 5%、强度损失不超过 25%。此时试件所经受的冻融循环次数即为混凝土的抗冻等级。

（3）评价抗冻性的方法。测定动弹性模量的变化、抗弯或抗压强度的变化、体积变化和重量损失。

（二）抗渗性

混凝土抗渗性是混凝土一项很重要的性能,混凝土设计要求中一般都有抗渗要求。混凝土抗渗性用抗渗等级 W 表示,抗渗等级 W4～W15。根据水工混凝土建筑物水头大小、水力坡降及建筑物重要性来确定抗渗等级。

由于混凝土不够密实和混凝土拌和物泌水等原因,混凝土中孔隙占混凝土体积的 1% 左右,且相互连通,形成空间孔隙网络。水在压力作用下,沿混凝土内部相互连通的孔隙向压力低的方向流动的现象,就是水在混凝土内的渗透现象。

渗透水流出混凝土,期间把混凝土内的 CaO 溶于水后带出,导致水泥石的结构孔隙逐渐增多、增大,使混凝土结构疏松、强度降低、渗漏量加大。当混凝土中 CaO 损失 33% 时,混凝土内部碱性丧失,水泥水化产物分解,混凝土强度几乎降为 0,混凝土结构完全破坏。

提高混凝土抗渗性的措施:

(1) 尽量降低混凝土水灰比;

(2) 掺加外加剂和优质掺合料,降低混凝土用水量,改善混凝土和易性,减少泌水,增加密实性;

(3) 保证混凝土施工质量,在施工过程中防止骨料集中、漏振、欠振、冷缝等现象发生。

混凝土抗渗等级试验采用逐级加压法,混凝土的抗渗等级以每组 6 个试件中 2 个出现渗水时的水压力乘以 10 表示。

(三) 抗冲磨性

(1) 混凝土的冲磨破坏机理为高速水流挟带沙石,在混凝土表面滑动、滚动和跳动,对混凝土表面产生冲击、淘刷、摩擦切削、冲撞捶击作用,导致混凝土破坏。混凝土的冲磨破坏可分为两种:一种是悬移质(泥沙)高速水流造成的冲刷磨损破坏;另一种为推移质(块石、卵石)高速水流造成的冲击磨损破坏。

(2) 提高混凝土抗渗性的措施:

1) 尽量降低混凝土水灰比;

2) 选用优良的抗冲磨护面材料,如铁矿石骨料、铸石骨料等;

3) 掺和微珠含量高的优质粉煤灰。

(3) 混凝土抗冲磨试验有圆环法和水下钢球法:

圆环法是根据含砂水流的冲磨流态,适用于悬移质水流冲磨试验,SL 352—2006 规定圆环冲磨仪规格:水流流速 10~40m/s 无级可调,水流含砂率 0~10%,冲磨时间 0~30min,试件断面尺寸为 100mm×100mm。

水下钢球法根据水流流态,适用于推移质对混凝土的冲磨试验,其原理是 1200r/min 转速的搅拌浆转动,带动混凝土试件表面上的不同直径的钢球滚动,而对混凝土表面产生冲磨。

（四）抗碳化性

混凝土碳化是指大气中二氧化碳在有水的条件下（真正的媒介是碳酸）与水泥的水化产物氢氧化钙发生化学反应生成碳酸钙和游离水,混凝土的碱度降低,碳化产生收缩,使混凝土表面产生微裂缝,钢筋与空气和水接触。当混凝土继续碳化而 pH 值降低或氯离子浓度相当高时,钢筋表面的钝化膜就会被破坏。钝化膜破坏后,钢筋就容易在有水的环境中与氧和氯离子产生化学反应,使钢筋表面产生锈蚀。

混凝土碳化试验通过成型试块放入实验室碳化箱进行,碳化箱的试验条件是:二氧化碳气体的含量为$(20\pm3)\%$,温度为$(20\pm5)℃$,相对湿度为$(70\pm5)\%$,试件在箱内碳化28d。混凝土试件的平均碳化深度主混凝土碳化性能的特征值。

对混凝土结构物,可通过实测的方法来确定混凝土的碳化深度,普遍采用酚酞试剂法进行测试。

四、试验依据及取样规则

1. 试验依据

《普通混凝土长期性能和耐久性能试验方法标准》（GB/T 50082—2009）；

《混凝土强度检验评定标准》（GB/T 50107—2010）；

SL 677—2014；

SL 352—2006。

2. 取样规则

（1）混凝土强度试样应在混凝土的浇筑地点随机抽取。

（2）试件的取样频率和数量应符合下列规定:

1）每 100 盘,但不超过 100m³ 的同配比混凝土,取样次数不应少于一次；

2）每一工作班拌制的同配比混凝土,不足 100 盘和

$100m^3$ 时其取样次数不应少于一次;

3)当一次连续浇筑的同配合比混凝土超过 $1000m^3$ 时,每 $200m^3$ 取样不应少于一次。

第三节　混凝土强度的检验评定

一、普通混凝土试块试验数据统计方法

(1)同一标号(或强度等级)混凝土试块 28d 龄期抗压强度的组数 $n \geqslant 30$ 时,应符合表 8-11 的要求。

表 8-11　　　混凝土试块 28d 抗压强度质量标准

项　　　　目		质量标准	
		优良	合格
任何一组试块抗压强度最低不得低于设计值的		90%	85%
无筋(或少筋)混凝土强度保证率		85%	80%
配筋混凝土强度保证率		95%	90%
混凝土抗压强度的离差系数	<20MPa	<0.18	<0.22
	≥20MPa	<0.14	<0.18

(2)同一标号(或强度等级)混凝土试块 28d 龄期抗压强度的组数 $30 > n \geqslant 5$ 时,混凝土试块强度应同时满足下列要求:

$$R_n - 0.7S_n > R_标 \qquad (8-18)$$

$$R_n - 1.60S_n \geqslant 0.83R_标 \qquad (当 R_标 \geqslant 20) \quad (8-19)$$

$$或 \geqslant 0.80R_标 \qquad (当 R_标 < 20) \quad (8-20)$$

式中:S_n——n 组试件强度的标准差,MPa,$S_n =$

$\sqrt{\dfrac{\sum\limits_{i=1}^{n}(R_i - R_n)^2}{n-1}}$ 当统计得到的 $S_n < 2.0$(或

1.5)MPa 时,应取 $S_n = 2.0$MPa($R_标 \geqslant$ 20MPa);$S_n = 1.5$MPa($R_标 < 20$MPa);

R_n——n 组试件强度的平均值,MPa;

R_i ——单组试件强度,MPa;

$R_标$ ——设计 28d 龄期抗压强度值,MPa;

n ——样本容量。

(3) 同一标号(或强度等级)混凝土试块 28d 龄期抗压强度的组数 $5 > n \geqslant 2$ 时,混凝土试块强度应同时满足下列要求:

$$\overline{R_n} \geqslant 1.15R_标 \tag{8-21}$$

$$R_{\min} \geqslant 0.95R_标 \tag{8-22}$$

式中:$\overline{R_n}$ ——n 组试块强度的平均值,MPa;

$R_标$ ——设计 28d 龄期抗压强度值,MPa;

$R_{\min}$ ——n 组试块中强度最小一组的值,MPa。

(4) 同一标号(或强度等级)混凝土试块 28d 龄期抗压强度的组数只有 1 组时,混凝土试块强度应满足下列要求:

$$R \geqslant 1.15R_标 \tag{8-23}$$

式中:R ——试块强度实测值,MPa;

$R_标$ ——设计 28d 龄期抗压强度值,MPa。

二、喷射混凝土抗压强度检验评定标准

水利水电工程永久性支护工程的喷射混凝土试块 28d 龄期抗压强度应满足重要工程的合格条件,临时支护工程的喷射混凝土试块 28d 龄期抗压强度应满足一般工程的合格条件。

1) 重要工程的合格条件为

$$f'_{ck} - K_1 S_n \geqslant 0.9f_c \tag{8-24}$$

$$f'_{ck,\min} \geqslant K_2 f_c \tag{8-25}$$

2) 一般工程的合格条件为

$$f'_{ck} \geqslant f_c \tag{8-26}$$

$$f'_{ck,\min} \geqslant 0.85f_c \tag{8-27}$$

式中:f'_{ck} ——施工阶段同批 n 组喷射混凝土试块抗压强度的平均值,MPa;

f_c —— 喷射混凝土立方体抗压强度设计值,MPa;

$f'_{ck,min}$ —— 施工阶段同批 n 组喷射混凝土试块抗压强度的最小值,MPa;

K_1, K_2 —— 合格判定系数,按表 8-12 取值;

n —— 施工阶段每批喷射混凝土试块的抽样组数;

S_n —— 施工阶段同批 n 组喷射混凝土试块抗压强度的标准差,MPa。

表 8-12   合格判定系数 K_1, K_2 值

n	10～14	15～24	≥25
K_1	1.70	1.65	1.60
K_2	0.90	0.85	0.85

当同批试块组数 $n<10$ 时,可按 $f'_{ck} \geqslant 1.15 f_c$ 以及 $f'_{ck,min} \geqslant 0.95 f_c$ 验收(同批试块是指原材料和配合比基本相同的喷射混凝土试块)。

三、砂浆、砌筑用混凝土强度检验评定标准

(1) 同一标号(或强度等级)试块组数 $n \geqslant 30$ 时,28d 龄期的试块抗压强度应同时满足以下标准:

1) 强度保证率不小于 80%;

2) 任意一组试块强度不低于设计强度的 85%;

3) 设计 28d 龄期抗压强度小于 20.0MPa 时,试块抗压强度的离差系数不大于 0.22;设计 28d 龄期抗压强度大于或等于 20.0MPa 时,试块抗压强度的离差系数小于 0.18。

(2) 同一标号(或强度等级)试块组数 $n<30$ 组时,28d 龄期的试块抗压强度应同时满足以下标准:

1) 各组试块的平均强度不低于设计强度;

2) 任意一组试块强度不低于设计强度的 80%。

第九章

砂　浆

第一节　砂浆配合比设计

砂浆配合比设计应根据原材料的性能、砂浆技术要求、块体种类及施工水平进行并应经试配、调整后确定。

一、定义

（1）砌筑砂浆：将砖、石、砌块等块材经砌筑成为砌体，起黏结、衬垫和传力作用的砂浆。

（2）现场配制砂浆：由水泥、细骨料和水，以及根据需要加入的石灰、活性掺合料或外加剂在现场配制成的砂浆，分为水泥砂浆和水泥混合砂浆。

（3）预拌砂浆：专业生产厂生产的湿拌砂浆或干混砂浆。

（4）保水增稠材料：改善砂浆可操作性及保水性能的非石灰类材料。

二、材料要求

（1）砌筑砂浆所用原材料不应对人体、生物与环境造成有害的影响，并应符合现行国家标准 GB 6566—2010 的规定。

（2）水泥宜采用通用硅酸盐水泥或砌筑水泥，且应符合 GB 175—2007 和 GB/T 3183—2003 的规定。水泥强度等级应根据砂浆品种及强度等级的要求进行选择。M15 及以下强度等级的砌筑砂浆宜选用 32.5 级的通用硅酸盐水泥或砌筑水泥；M15 以上强度等级的砌筑砂浆宜选用 42.5 级通用硅酸盐水泥。

（3）砂宜选用中砂，应全部通过 4.75mm 的筛孔，并应符合相关规定。

（4）砌筑砂浆用石灰膏、电石膏应符合下列规定：

1）生石灰熟化成石灰膏时，应用孔径不大于 3mm×3mm 的网过滤，熟化时间不得少于 7d；磨细生石灰粉的熟化时间不得少于 2d。沉淀池中储存的石灰膏，应采取防止干燥、冻结和污染的措施。严禁使用脱水硬化的石灰膏。

2）制作电石膏的电石渣应用孔径不大于 3mm×3mm 的网过滤，检验时应加热至 70℃后至少保持 20min，并应待乙炔挥发完后再使用。

3）消石灰粉不得直接用于砌筑砂浆中。

（5）石灰膏、电石膏试配时的稠度，应为 120mm±5mm。

（6）粉煤灰、粒化高炉矿渣粉、硅灰、天然沸石粉应符合《用于水泥和混凝土中的粉煤灰》(GB/T 1596—2005)其他相关标准的规定。当采用其他品种矿物掺和料时，应有充足的技术依据，并应在使用前进行试验验证。

（7）采用保水增稠材料时，应在使用前进行试验验证，并应有完整的型式检验报告。

（8）外加剂应符合国家现行有关标准的规定，引气型外加剂还应有完整的型式检验报告。

（9）拌制砂浆用水应使用清洁的淡水，并符合相关规定。

三、技术条件

（1）水泥砂浆及预拌砂浆的强度等级可分为 M5、M7.5、M10、M15、M20、M25、M30；水泥混合砂浆的强度等级可分为 M5、M7.5、M10、M15。

（2）砌筑砂浆拌和物的表观密度应符合表 9-1 的规定。

表 9-1　　　　　　砌筑砂浆拌和物的表观密度　　（单位：kg/m³）

砂浆种类	表观密度
水泥砂浆	≥1900
水泥混合砂浆	≥1800
预拌砂浆	≥1800

（3）砌筑砂浆的稠度、保水率、试配抗压强度应同时满足要求。

（4）砌筑砂浆施工时的稠度可按表9-2选用。

表9-2　　　　　　　　砌筑砂浆的施工稠度　　　（单位：mm）

砌体种类	施工稠度
烧结普通砖砌体、粉煤灰砖砌体	70～90
混凝土砖砌体、普通混凝土小型空心砌块砌体、灰砂砖砌体	50～70
烧结多孔砖砌体、烧结空心砖砌体、轻集料混凝土小型空心砌块砌体、蒸压加气混凝土砌块砌体	60～80
石砌体	30～50

（5）砌筑砂浆保水率应符合表9-3的规定。

表9-3　　　　　　　　　砌筑砂浆的保水率

砂浆种类	保水率
水泥砂浆	≥80％
水泥混合砂浆	≥84％
预拌砂浆	≥88％

（6）有抗冻性要求的砌体共程，砌筑砂浆应进行冻融试验。砌筑砂浆的抗冻性应符合表9-4的规定，且当设计对抗冻有明确要求时，尚应符合设计规定。

表9-4　　　　　　　　　砌筑砂浆的抗冻性

使用条件	抗冻指标	质量损失率	强度损失率
夏热冬暖地区	F15	≤5％	≤25％
夏热冬冷地区	F25		
寒冷地区	F35		
严寒地区	F50		

（7）砌筑砂浆中的水泥和石灰膏、电石膏等材料的用量可按表9-5选用。

表 9-5 砌筑砂浆的材料用量 （单位：kg/m³）

砂浆种类	材料用量
水泥砂浆	≥200
水泥混合砂浆	≥350
预拌砂浆	≥200

注：1. 水泥砂浆中的材料用量是指水泥用量；

2. 水泥混合砂浆中的材料用量是指水泥和石灰膏、电石膏的材料总量。

3. 预拌砂浆中的材料用量是指胶凝材料用量,包括水泥和替代水泥的粉煤灰等活性矿物掺料。

（8）砂浆中可掺入保水增稠材料、外加剂等,掺量应经试配后确定。

（9）砂浆试配时应采用机械搅拌。搅拌时间应自开始加水算起,并应符合下列规定：

1）对水泥砂浆和水泥混合砂浆,搅拌时间不得少于 120s；

2）对预拌砂浆和掺有粉煤灰、外加剂、保水增稠材料等的砂浆,搅拌时间不得少于 180s。

四、砌筑砂浆配合比的确定与要求

1. 现场配制砌筑砂浆的试配要求

（1）现场配制水泥混合砂浆的试配应符合下列规定：

1）配合比应按下列步骤进行计算：

① 计算砂浆试配强度（$f_{m,0}$）；

② 计算每立方米砂浆中的水泥用量（Q_c）；

③ 计算每立方米砂浆中石灰膏用量（Q_D）；

④ 确定每立方米砂浆砂用量（Q）；

⑤ 按砂浆稠度选每立方米砂浆用水量（Q_w）。

2）砂浆的试配强度应按式（9-1）计算：

$$f_{m,0} = kf_2 \qquad (9-1)$$

式中：$f_{m,0}$——砂浆的试配强度,MPa,应精确至 0.1MPa；

f_2——砂浆强度等级值,MPa,应精确至 0.1MPa；

k——系数,按表 9-6 取值。

表 9-6　　　　　　　　　**砂浆强度标准差 δ 及 k 值**

强度等级 施工水平	强度标准差 δ/MPa							k
	M5	M7.5	M10	M15	M20	M25	M30	
优良	1.00	1.50	2.00	3.00	4.00	5.00	6.00	1.15
一般	1.25	1.88	2.50	3.75	5.00	6.25	7.50	1.20
较差	1.50	2.25	3.00	4.50	6.00	7.50	9.00	1.25

$$\sigma = \sqrt{\frac{\sum_{i=1}^{n} f_{m,i}^2 - n\mu_{f_m}^2}{n-1}} \qquad (9\text{-}2)$$

式中：$f_{m,i}$ ——统计周期内同一品种砂浆第 i 组试件的强度，MPa；

μ_{f_m} ——统计周期内同一品种砂浆 n 组试件强度的平均值，MPa；

n ——统计周期内同一品种砂浆试件的总组数，$n \geqslant 25$。

当无统计资料时，砂浆强度标准差可按式(9-2)取值。

3) 水泥用量的计算应符合下列规定：

① 每立方米砂浆中的水泥用量，应按式(9-3)计算：

$$Q_c = 1000(f_{m,0} - \beta)/(\alpha \cdot f_{ce}) \qquad (9\text{-}3)$$

式中：Q_c ——每立方米砂浆的水泥用量，kg，应精确至 1kg；

f_{ce} ——水泥的实测强度，MPa，应精确至 0.1MPa；

α、β 砂浆的特征系数，其中 α 取 3.03，β 取 -15.09。

注：各地区也可用本地区试验资料确定 α、β 值，统计用的试验组数不得少于 30 组。

② 在无法取得水泥的实测强度值时，可按式(9-4)计算：

$$f_{ce} = \gamma_c \cdot f_{ce,k} \qquad (9\text{-}4)$$

式中：$f_{ce,k}$ ——水泥强度等级值，MPa；

γ_c ——水泥强度等级值的富余系数，宜按实际统计资料确定；无统计资料时可取 1.0。

4) 石灰膏用量应按式(9-5)计算：

$$Q_D = Q_A - Q_c \qquad (9-5)$$

式中：Q_D ——每立方米砂浆的石灰膏用量，kg，应精确至
1kg；石灰膏使用时的稠度宜为 120mm±5mm；

Q_c ——每立方米砂浆的水泥用量，kg，应精确至 1kg；

Q_A ——每立方米砂浆中水泥和石灰膏总量，应精确至
1kg，可为 350kg。

5) 每立方米砂浆中的砂用量，应按干燥状态(含水率小
于 0.5%)的堆积密度值作为计算值(kg)。

6) 每立方米砂浆中的用水量，可根据砂浆稠度等要求
选用 210～310kg。

注：① 混合砂浆中的用水量，不包括石灰膏中的水；

② 当采用细砂或粗砂时，用水量分别取上限或下限；

③ 稠度小于 70mm 时，用水量可小于下限；施工现场气
候炎热或干燥季节，可酌量增加用水量。

(2) 现场配制水泥砂浆的试配应符合下列规定：

1) 水泥砂浆的材料用量可按表 9-7 选用。

表 9-7   **水泥砂浆的材料用量表**   (单位：kg/m³)

强度等级	水泥	砂	用水量
M5	200～230		
M7.5	230～260		
M10	260～290		
M15	290～330	砂的堆积密度值	270～330
M20	340～400		
M25	360～410		
M30	430～480		

注：1. M15 及 M15 以下强度等级水泥砂浆，选用水泥强度等级为 32.5
级；M15 以上强度等级水泥砂浆，选用水泥强度等级为 42.5 级。

2. 当采用细砂或粗砂时，用水量分别取上限或下限；

3. 稠度小于 70mm 时，用水量可小于下限；

4. 施工现场气候炎热或干燥季节，可酌量增加用水量；

5. 试配强度应按式(9-1)计算。

2）水泥粉煤灰砂浆材料用量可按表9-8选用。

表9-8　　每立方米水泥粉煤灰砂浆材料用量　（单位：kg/m³）

强度等级	水泥和粉煤灰总量	粉煤灰	砂	用水量
M5	210～240	粉煤灰掺量可占胶凝材料总量的15%～25%	砂的堆积密度值	270～330
M7.5	240～270			
M10	270～300			
M15	300～330			

注：1. 表中水泥强度等级为32.5级；

2. 当采用细砂或粗砂时，用水量分别取上限或下限；

3. 稠度小于70mm时，用水量可小于下限；

4. 施工现场气候炎热或干燥季节，可酌量增加用水量；

5. 试配强度应按式（9-1）计算。

2. 预拌砌筑砂浆的试配要求

（1）预拌砌筑砂浆应满足下列规定：

1）在确定湿拌砂浆稠度时应考虑砂浆在运输和储存过程中的稠度损失；

2）湿拌砂浆应根据凝结时间要求确定外加剂掺量；

3）干混砂浆应明确拌制时的加水量范围；

4）预拌砂浆的性能及搅拌、运输、储存等应符合现行行业标准《预拌砂浆应用技术规程》（JGJ/T 223—2010）的规定。

（2）预拌砂浆的试配应满足下列规定：

1）预拌砂浆生产前应进行试配，试配强度应按式（9-1）计算确定，试配时稠度取 70 ～80mm；

2）预拌砂浆中可掺入保水增稠材料、外加剂等，掺量应经试配后确定。

3. 砌筑砂浆配合比试配、调整与确定

（1）砌筑砂浆试配时应考虑工程实际要求，搅拌应符合本章的规定。

（2）按计算或查表所得配合比进行试拌时，应按现行行业标准《建筑砂浆基本性能试验方法标准》（JGJ/T 70—2009）测定砌筑砂浆拌和物的稠度和保水率。当稠度和保水率不能满足要求时,应调整材料用量,直到符合要求为止,然后确定为试配时的砂浆基准配合比。

(3) 试配时至少应采用三个不同的配合比,其中一个配合比应为基准配合比,其余两个配合比的水泥用量应按基准配合比分别增加及减少10%。在保证稠度、保水率合格的条件下,可将用水量、石灰膏、保水增稠材料或粉煤灰等活性掺合料用量作相应调整。

(4) 砂浆试配时稠度应满足施工要求,按现行行业标准JGJ/T 70—2009分别测定不同配合比砂浆的表观密度及强度,选定符合试配强度及和易性要求、水泥用量最低的配合比作为砂浆的试配配合比。

(5) 砂浆试配配合比应按下列步骤进行校正:

1) 应根据上述确定的砂浆配合比材料用量,按式(9-6)计算砂浆的理论表观密度值:

$$\rho_t = Q_c + Q_d + Q_s + Q_w \qquad (9\text{-}6)$$

式中：ρ_t——砂浆的理论表观密度值,kg/m³,应精确至10kg/m³。

2) 应按式(9-7)计算砂浆配合比校正系数δ:

$$\delta = \rho_c / \rho_t \qquad (9\text{-}7)$$

式中：ρ_c——砂浆的实测表观密度值,kg/m³,应精确至10kg/m³。

3) 当砂浆的实测表观密度值与理论表观密度值之差的绝对值不超过理论值的2%时,可将试配配合比确定为砂浆设计配合比;当超过2%时,应将试配配合比中每项材料用量均乘以校正系数(δ)后,确定为砂浆设计配合比。

预拌砂浆生产前应进行试配、调整与确定,并应符合现行行业标准JGJ/T 223—2010的规定。

第二节 砂浆物理力学性能

一、水泥砂浆抗压强度

抗压强度试验标准试件规格为 70.7mm × 70.7mm ×

70.7mm 立方体,三个试件为一组。

砂浆立方体抗压强度应按下式计算:

$$f_{cc} = \frac{P}{A} \qquad (9-8)$$

式中:f_{cc}——砂浆立方体试件抗压强度,MPa;

$\quad P$——试件破坏荷载,N;

$\quad A$——试件承压面积,mm^2。

砂浆立方体试件抗压强度应精确至 0.1MPa。

以三个试件测值的算术平均值的作为该组试件的砂浆立方体试件抗压强度平均值(精确至 0.1MPa)。

二、水泥砂浆劈裂抗拉强度

砂浆劈裂抗拉强度试验标准试件规格为 70.7mm×70.7mm×70.7mm 立方体,三个试件为一组。

砂浆立方体劈裂抗拉强度应按下式计算:

$$f_{ts} = \frac{2P}{\pi A} \qquad (9-9)$$

式中:f_{ts}——砂浆立方体试件劈裂抗拉强度,MPa;

$\quad P$——试件破坏荷载,N;

$\quad A$——试件劈裂面面积,mm^2。

砂浆立方体试件抗压强度应精确至 0.1MPa。

以三个试件测值的算术平均值的作为该组试件的砂浆立方体试件劈裂抗拉强度平均值(精确至 0.01MPa)。

三、水泥砂浆黏结强度

黏结强度试验标准试件为"8"字形,颈部断面为 25mm×25mm,试件结构尺寸合理,试件在颈部拉断,应力分布均匀。同时配有一对拉伸夹具,试验操作简单,且对中准确。

六个试件为一组。砂浆试件黏结强度应按下式计算:

$$f_b = \frac{P}{A} \qquad (9-10)$$

式中:f_b——砂浆立方体试件黏结强度,MPa;

$\quad P$——断裂荷载,N;

A——受拉面积，mm²。

6个试件为一组，每组试件中剔除最大最小的两个值，以其余4个值的平均值做为黏结强度的试验结果。

四、水泥砂浆轴向拉伸

水泥砂浆轴向拉伸标准试件规格为哑铃形，直线段长度100mm，断面为25mm×25mm。哑铃两端头尺寸与黏结强度标准试件的半"8"字形相同，试件渐变断结构合理，应力集中小，试件在直线段断裂的概率高。

6个试件为一组。砂浆试件轴向拉伸强度应按下式计算：

$$f_t = \frac{P}{A} \qquad (9\text{-}11)$$

式中：f_t——砂浆立方体试件轴向拉伸强度，MPa；

P——破坏荷载，N；

A——试件断面面积，mm²。

6个试件为一组，每组试件中剔除最大最小的两个值，以其余4个值的平均值做为轴向拉伸强度的试验结果。

第三节 砂浆试块的检验依据及取样规则

一、砂浆试块的检验依据

《砌体结构工程施工质量验收规范》（GB 50203—2011）；

《建筑地面工程施工质量验收规范》（GB 50209—2010）；

SL 352—2006；

JGJ/T 70—2009。

二、取样规则

1. 砌体工程砂浆

根据GB 50203—2011，砌体工程砂浆试块取样按下列规定：

（1）在砂浆搅拌机出料口随机取样制作砂浆试块，同盘砂浆只应制作一组（一组为3个70.7mm×70.7mm×70.7mm立方体试件）标准养护试件。

（2）每一层或者不超过 250m³ 砌体的同一类型、同一强度等级的砌筑砂浆，每台搅拌机应至少抽检一次。验收批的预拌砂浆、蒸压加气混凝土砌块专用砂浆，抽检可为 3 组。

2. 建筑地面工程水泥砂浆

根据《建筑地面工程施工质量验收规范》（GB 50209—2010），建筑地面工程水泥砂浆试块取样按下列规定：

（1）检验水泥砂浆强度试块的组数，每一层（或检验批）建筑地面工程不应小于 1 组。当每一层（或检验批）建筑地面工程面积大于 1000m²，每增加 1000m² 应增做 1 组试块；小于 1000m² 按 1000m² 计算。

（2）当改变配合比时，应相应地制作试块组数。

第十章

混凝土用钢材

第一节 概　述

　　以铁为主要元素,含碳量一般在 2% 以下,并含有其他元素的材料称为钢。钢按化学成分可分为非合金钢、低合金钢和合金钢三类。钢材的种类很多,按外观形状一般可分为板、管、型、丝四大类。

　　钢筋混凝土和预应力钢筋混凝土用钢材主要有热轧光圆钢筋、热轧带肋钢筋、钢丝和钢铰线等,它们是钢筋混凝土的主要受力材料,与混凝土协调工作,重点承受拉力、压力以及起构造作用。

第二节 技 术 性 能

一、热轧光圆钢筋

1. 牌号及化学成分

（1）热轧光圆钢筋包括热轧直条钢筋和盘卷光圆钢筋,其牌号及化学成分应符合表 10-1 的规定。

表 10-1　　　　　　　　钢筋牌号及化学成分

牌号	化学成分(质量分数)				
	C	Si	Mn	P	S
HPB235	≤0.22%	≤0.30%	≤0.65%	≤0.045%	≤0.050%
HPB300	≤0.25%	≤0.55%	≤1.50%		

　　（2）钢中残余元素铬、镍、铜含量应不大于 0.30%,供方如能保证可不作分析。

（3）钢筋的化学成分允许偏差应符合《钢的成品化学成分允许偏差》(GB/T 222—2006)的规定。

2. 力学性能、弯曲性能

钢筋的力学性能、工艺性能应符合表10-2的规定。冷弯试验时受弯曲部位表面不得产生裂纹。

表10-2　　　　　钢筋力学性能、弯曲性能参数

牌号	公称直径 a /mm	屈服点 R_{el}/MPa	抗拉强度 R_m/MPa	断后伸长率 A	冷弯试验180° a —钢筋公称直径 D —弯曲压头直径
		不小于			
HPB235	6～22	235	370	25.0%	$D=a$
HPB300		300	420		

3. 表面质量

（1）钢筋表面应无裂纹、结疤、折叠等缺陷，按盘卷交货的钢筋应将头尾有害缺陷部分切除。

（2）试样可使用钢丝刷清理，清理后的重量、尺寸、横截面积和拉伸性能满足标准要求时，锈皮、表面不平整或氧化铁皮不作为拒收的理由。

（3）当带有（2）条规定的缺陷以外的表面缺陷的试样不符合拉伸性能或弯曲性能要求时，则认为这些缺陷是有害的。

4. 重量及允许偏差

直条钢筋实际重量与理论重量的允许偏差应符合表10-3的规定。

表10-3　　　　　直条钢筋重量允许偏差

公称直径 a /mm	实际重量与理论重量的偏差
6～12	±7%
14～22	±5%

二、热轧带肋钢筋

1. 牌号及化学成分

（1）钢筋牌号及化学成分应符合表10-4的规定。

表 10-4 　　　　　　　　　钢筋牌号及化学成分

牌号	化学成分(质量分数)					
	C	Si	Mn	P	S	C_{eq}
HRB335	≤0.25%	≤0.80%	≤1.60%	≤0.045%	≤0.045%	≤0.52%
HRBF335						
HRB400						≤0.54%
HRBF400						
HRB500						≤0.55%
HRBF500						

(2)碳当量 C_{eq}(百分比)值可按公式(10-1)计算：

$$C_{eq} = C + Mn/6 + (Cr + V + Mo)/5 + (Cu + Ni)/15$$

(10-1)

(3)钢的氮含量应不大于 0.012%。供方如能保证可不作分析。钢中如有足够数量的氮结合元素,含氮量的限制可适当放宽。

(4)钢筋的成品化学成分允许偏差应符合 GB/T 222—2006 的规定,碳当量 C_{eq} 的允许偏差为+0.03%。

2. 力学性能

(1)钢筋的力学性能应符合表 10-5 的规定。

表 10-5 　　　　　　　　　钢筋力学性能

牌号	公称直径 a /mm	屈服点 R_{eL}/MPa	抗拉强度 R_m/MPa	断后伸长率 A	最大力总伸长率 A_{gt}
		不小于			
HRB335	6～50	335	455	17%	7.5%
HRBF335					
HRB400		400	540	16%	
HRBF400					
HRB500		500	630	15%	
HRBF500					

（2）直径 28～40mm 各牌号钢筋的断后伸长率 A 可降低 1％；直径大于 40mm 各牌号钢筋的断后伸长率 A 可降低 2％。

（3）有较高要求的抗震结构适用牌号为：在表 10-5 中已有牌号后加 E（如 HRB400E，HRBF400E）的钢筋。该类钢筋除应满足以下①、②、③的要求外，其他要求与相对应的已有牌号钢筋相同。

① 钢筋实测抗拉强度与实测屈服强度之比不小于 1.25。

② 钢筋实测屈服强度与表 10-5 规定的屈服强度特征值之比不大于 1.30。

③ 钢筋的最大力总伸长率 A_{gt} 不小于 9％。

3. 弯曲性能

按表 10-6 规定的弯芯直径弯曲 180° 后，钢筋受弯曲部位表面不得产生裂纹。

表 10-6 钢筋弯芯直径

牌　　号	公称直径 d	弯芯直径
HRB335 HRBF335	6～25	$3d$
	28～40	$4d$
	>40～50	$5d$
HRB400 HRBF400	6～25	$4d$
	28～40	$5d$
	>40～50	$6d$
HRB500 HRBF500	6～25	$6d$
	28～40	$7d$
	>40～50	$8d$

4. 表面质量

（1）钢筋表面应无裂纹、结疤、折叠等缺陷。

（2）试样可使用钢丝刷清理，清理后的重量、尺寸、横截面积和拉伸性能满足标准要求时，锈皮、表面不平整或氧化铁皮不作为拒收的理由。

（3）当带有（2）条规定的缺陷以外的表面缺陷的试样不符合拉伸性能或弯曲性能要求时，则认为这些缺陷是有害的。

5. 重量及允许偏差

钢筋实际重量与理论重量的允许偏差应符合表 10-7 的规定。

表 10-7   钢筋重量允许偏差

公称直径/mm	实际重量与理论重量的偏差
6～12	±7%
14～20	±5%
22～50	±4%

三、钢丝

1. 分类及代号

（1）钢丝按加工状态分为冷拉钢丝和消除应力钢丝两类，其代号分别为 WCD、WLR。

（2）钢丝按外形分为光圆、螺旋肋、刻痕三种，其代号分别为 P、H、I。

2. 力学性能

（1）压力管道用无涂（镀）层冷拉钢丝的力学性能应符合表 10-8 的规定。0.2% 屈服力 $F_{p0.2}$ 应不小于最大力的特征值 F_m 的 75%。氢脆敏感性能负载为 70% 最大力时，断裂时间应不小于 75h，应力松弛性能初始力为最大力 70% 时，1000h 应力松弛率 r 应不大于 7.5%。

（2）消除应力的光圆及螺旋肋钢丝的力学性能应符合表 10-9 的规定。0.2% 屈服力 $F_{p0.2}$ 应不小于最大力的特征值 F_m 的 88%。应力松弛性能初始力应相当于实际最大力的 70%～80%，1000h 应力松弛率 r 应不大于 2.5%～4.5%。

（3）消除应力的刻痕钢丝的力学性能，除弯曲次数外其他应符合表 10-9 的规定。对所有规格消除应力的刻痕钢丝，其弯曲次数均不小于 3 次。应力松弛性能初始力应相当于

实际最大力的 $70\%\sim80\%$，1000h 应力松弛率 r 应不大于 $2.5\%\sim4.5\%$。

（4）对公称直径 d_n 大于 10mm 钢丝进行弯曲试验，在芯轴直径 $D=10\ d_n$ 条件下，试样弯曲 $180°$ 后弯曲处应无裂纹。

（5）允许使用推算法确定 1000h 松弛值。应进行初始力为实际最大力 70% 的 1000h 松弛试验，如需方要求，也可做初始力为实际最大力 80% 的 1000h 松弛试验。

3. 表面质量

（1）钢丝表面不得有裂纹和油污，也不允许有影响使用的拉痕、机械损伤等。允许有深度不大于钢丝公称直径 4% 的不连续纵向表面缺陷。

（2）除非供需双方另有协议，否则钢丝表面只要没有目视可见的锈蚀凹坑，表面浮锈不应作为拒收的理由。

（3）消除应力的钢丝表面允许存在回火颜色。

4. 重量及允许偏差

钢丝的每米实际重量与理论重量的偏差应不大于 $\pm2\%$。

表 10-8　消除应力光圆及螺旋肋钢丝的力学性能

公称直径 d_n/mm	公称抗拉强度值 R_m/MPa	最大力的特征值 F_m/kN	最大力的最大值 $F_{m,max}$/kN	0.2%屈服力 $F_{p0.2}$/kN $\geqslant$	每 210mm 扭矩的扭转次数 N $\geqslant$	断面收缩率 Z $\geqslant$
4.00		18.48	20.99	13.86	10	35%
5.00		28.86	32.79	21.65	10	35%
6.00	1470	41.56	47.21	31.17	8	30%
7.00		56.57	64.27	42.42	8	30%
8.00		73.88	83.93	55.41	7	30%
4.00		19.73	22.24	14.80	10	35%
5.00		30.82	34.75	23.11	10	35%
6.00	1570	44.38	50.03	33.29	8	30%
7.00		60.41	68.11	45.31	8	30%
8.00		78.91	88.96	59.18	7	30%

公称直径 d_n/mm	公称抗拉强度 R_m/MPa	最大力的特征值 F_m/kN	最大力的最大值 $F_{m,max}$/kN	0.2%屈服力 $F_{p0.2}$/kN ≥	每210mm扭矩的扭转次数 N ≥	断面收缩率 Z ≥
4.00		20.99	23.50	15.74	10	35%
5.00		32.78	36.71	24.59	10	35%
6.00	1670	47.21	52.86	35.41	8	30%
7.00		64.26	71.96	48.20	8	30%
8.00		83.93	93.99	62.95	6	30%
4.00		22.25	24.76	16.69	10	35%
5.00	1770	34.75	38.68	26.06	10	35%
6.00		50.04	55.69	37.53	8	30%
7.00		68.11	75.81	51.08	6	30%

表 10-9　消除应力光圆及螺旋肋钢丝的力学性能

公称直径 d_n/mm	公称抗拉强度 R_m/MPa	最大力的特征值 F_m/kN	最大力的最大值 $F_{m,max}$/kN	0.2%屈服力 $F_{p0.2}$/kN ≥	最大力总伸长率(L_0=200mm) A_{gt}/≥	弯曲次数/(次/180°) ≥	弯曲半径 R/mm
4.00		18.48	20.99	16.22		3	10
4.80		26.61	30.23	23.35		4	15
5.00		28.86	32.78	25.32		4	15
6.00		41.56	47.21	36.47		4	15
6.25		45.10	51.24	39.58		4	20
7.00		56.57	64.26	49.64		4	20
7.50	1470	64.94	73.78	56.99	3.5%	4	20
8.00		73.88	83.93	64.84		4	20
9.00		93.52	106.25	82.07		4	25
9.50		104.19	118.37	91.44		4	25
10.00		115.45	131.16	101.32		4	25
11.00		139.69	158.70	122.59		——	——
12.00		166.26	188.88	145.90		——	——

公称直径 d_n/mm	公称抗拉强度 R_m/MPa	最大力的特征值 F_m/kN	最大力的最大值 $F_{m.max}$/kN	0.2%屈服力 $F_{p0.2}$/kN $\geqslant$	最大力总伸长率($L_o=$200mm) $A_{gt}/\geqslant$	弯曲次数/(次/180°) $\geqslant$	弯曲半径 R/mm
4.00		19.73	22.24	17.37		3	10
4.80		28.41	32.03	25.00		4	15
5.00		30.82	34.75	27.12		4	15
6.00		44.38	50.03	39.06		4	15
6.25		48.17	54.312	42.39		4	20
7.00		60.41	68.11	53.16		4	20
7.50	1570	69.36	78.20	61.04		4	20
8.00		78.91	88.96	69.44		4	20
9.00		99.88	112.60	87.89		4	25
9.50		111.28	125.46	97.93		4	25
10.00		123.31	139.02	108.51		4	25
11.00		149.20	168.21	131.30		——	——
12.00		177.57	200.19	156.26		——	——
4.00		20.99	23.50	18.47		3	10
5.00		32.78	36.71	28.82		4	15
6.00		47.21	52.86	41.54	3.5%	4	15
6.25	1670	51.24	57.38	45.09		4	20
7.00		64.26	71.96	56.55		4	20
7.50		73.78	82.62	64.93		4	20
8.00		83.93	93.98	73.86		4	20
9.00		106.25	118.97	93.50		4	25
4.00		22.25	24.76	19.58		3	10
5.00		34.75	38.68	30.58		4	15
6.00	1770	50.04	55.69	44.03		4	15
7.00		68.11	75.81	59.94		4	20
7.50		78.20	87.04	68.81		4	20
4.00		23.38	25.89	20.57		3	10
5.00	1860	36.51	40.44	32.13		4	15
6.00		52.58	58.23	46.27		4	15
7.00		71.57	79.27	62.98		4	20

四、钢绞线

1. 分类及代号

钢绞线按结构分为以下 8 类,结构代号为:

(1) 用两根钢丝捻成的钢绞线   1×2

(2) 用三根钢丝捻成的钢绞线   1×3

(3) 用三根刻痕钢丝捻成的钢绞线   1×3I

(4) 用七根钢丝捻成的标准型钢绞线   1×7

(5) 用六根刻痕钢丝和一根光圆中心钢丝捻成的钢绞线

1×7I

(6) 用七根钢丝捻制又经模拔的钢绞线   (1×7)C

(7) 用十九根钢丝捻制的 1+9+9 西鲁式钢绞线

1×19S

(8) 用十九根钢丝捻制的 1+6+6/6 瓦林吞式钢绞线

1×19W

2. 力学性能

(1) 1×2 结构钢绞线的力学性能应符合表 10-10 规定。

(2) 1×3 结构钢绞线的力学性能应符合表 10-11 规定。

(3) 1×7 结构钢绞线的力学性能应符合表 10-12 规定。

(4) 1×19 结构钢绞线的力学性能应符合表 10-13 规定。

3. 表面质量

(1) 除非用户有特殊要求,钢绞线表面不得有油、润滑脂等物质。

(2) 钢绞线表面不得有影响使用性能的有害缺陷,允许存在轴向表面缺陷,但其深度应小于单根钢丝直径的 4%。

(3) 允许钢绞线表面有轻微浮锈。表面不能有目视可见的锈蚀凹坑。

(4) 钢绞线表面允许存在回火颜色。

表 10-10

1×2结构钢绞线力学性能

钢绞线结构	公称直径 D_n/mm	公称抗拉强度 R_m/MPa	整根钢绞线最大力 F_m/kN ≥	最大力的最大值 $F_{m,max}$/kN ≤	0.2%屈服力 $F_{p0.2}$/kN ≥	最大力总伸长率 $(L_o≥400mm)$ A_{gt} ≥	应力松弛性能 初始负荷相当于实际最大力的百分数	1000h应力松弛率 r ≤
1×2	8.00	1470	36.9	41.9	32.5	3.5%	70%～80%	2.5%～4.5%
	10.00		57.8	65.6	50.9			
	12.00		83.1	94.4	73.1			
	5.00	1570	15.4	17.4	13.6			
	5.80		20.7	23.4	18.2			
	8.00		39.4	44.4	34.7			
	10.00		61.7	69.6	54.3			
	12.00		88.7	100	78.1			
	5.00	1670	16.9	18.9	14.9			
	5.80		22.7	25.3	20.0			
	8.00		43.2	48.2	38.0			
	10.00		67.6	75.5	59.5			
	12.00		97.2	108	85.5			

钢绞线结构	公称直径 D_n/mm	公称抗拉强度 R_m/MPa	整根钢绞线最大力 F_m/kN ≥	最大力的最大值 $F_{m.max}$/kN ≤	0.2%屈服力 $F_{p0.2}$/kN ≥	最大力总伸长率 (L_o≥400mm) A_{gt}≥	应力松弛性能 初始负荷相当于实际最大力的百分数	应力松弛性能 1000h应力松弛率 r≤
1×2	5.00	1860	18.3	20.2	16.1	3.5%	70%~80%	2.5%~4.5%
	5.80		24.6	27.2	21.6			
	8.00		46.7	51.7	41.1			
	10.00		73.1	81	64.3			
	12.00		105	115	92.5			
	5.00	1960	19.2	21.2	16.9			
	5.80		25.9	28.5	22.8			
	8.00		49.2	54.2	43.3			
	10.00		77.0	84.9	67.8			

表10-11

1×3 结构钢绞线力学性能

钢绞线结构	公称直径 D_n/mm	公称抗拉强度 R_m/MPa	整根钢绞线最大力 F_m/kN ≥	最大力的最大值 $F_{m,max}$/kN ≤	0.2%屈服力 $F_{p0.2}$/kN ≥	最大力总伸长率 (L_o≥400mm) A_{gt}≥	应力松弛性能 初始负荷相当于实际最大力的百分数	1000h应力松弛率 r≤
1×3	8.60	1470	55.4	63.0	48.8	3.5%	70%~80%	2.5%~4.5%
	10.80		86.6	98.4	76.2			
	12.90		125	142	110			
	6.20	1570	31.1	35.0	27.4			
	6.50		33.3	37.5	29.3			
	8.60		59.2	66.7	52.1			
	8.74		60.6	68.3	53.3			
	10.80		92.5	104	81.4			
	12.90		133	150	117			
	8.74	1670	64.5	72.2	56.8			
	6.20	1720	34.1	38.0	30.0			
	6.50		36.5	40.7	32.1			
	8.60		64.8	72.4	57.0			
	10.80		101	113	88.9			
	12.90		146	163	128			

钢绞线结构	公称直径 D_n/mm	公称抗拉强度 R_m/MPa	整根钢绞线最大力 F_m/kN ≥	最大力的最大值 $F_{m,max}$/kN ≤	0.2%屈服力 $F_{p0.2}$/kN ≥	最大力总伸长率 $(L_o \geq 400mm)$ A_{gt}≥	初始负荷相当于实际最大力的百分数	1000h应力松弛率 r≤
1×3	6.20	1860	36.8	40.8	32.4	3.5%	70%~80%	2.5%~4.5%
	6.50		39.4	43.7	34.7			
	8.60		70.1	77.7	61.7			
	8.74		71.8	79.5	63.2			
	10.80		110	121	96.8			
	12.90		158	175	139			
	6.20	1960	38.8	42.8	34.1			
	6.50		41.6	45.8	36.6			
	8.60		73.9	81.4	65.0			
	10.80		115	127	101			
	12.90		166	183	146			
1×3I	8.70	1570	60.4	68.1	53.2			
		1720	66.2	73.9	58.3			
		1860	71.6	73.3	63.0			

表 10-12

1×7 结构钢绞线力学性能

钢绞线结构	公称直径 D_n/mm	公称抗拉强度 R_m/MPa	整根钢绞线最大力 F_m/kN $\geq$	最大力的最大值 $F_{m,max}$/kN $\leq$	0.2%屈服力 $F_{p0.2}$/kN $\geq$	最大力总伸长率 ($L_o \geq 400mm$) $A_{gt} \geq$	应力松弛性能		1000h应力松弛率 $r \leq$
							初始负荷相当于实际最大力的百分数		
1×7	15.20 (15.24)	1470	206	234	181	3.5%	70%~80%		2.5%~4.5%
		1570	220	248	194				
		1670	234	262	206				
	9.50 (9.53)	1720	94.3	105	83.0				
	11.10 (11.11)		12.8	142	113				
	12.70		170	190	150				
	15.20 (15.24)		241	269	212				
	17.80 (17.78)		327	365	288				
	18.90	1820	400	444	352				

钢绞线结构	公称直径 D_n/mm	公称抗拉强度 R_m/MPa	整根钢绞线最大力 F_m/kN ≥	最大力的最大值 $F_{m.max}$/kN ≤	0.2%屈服力 $F_{p0.2}$/kN ≥	最大力总伸长率 (L_0≥400mm) A_{gt} ≥	应力松弛性能	
							初始负荷相当于实际最大力的百分数	1000h应力松弛率 r ≤
1×7	15.70	1770	266	296	234	3.5%	70%~80%	2.5%~4.5%
	21.60		504	561	444			
	9.50 (9.53)	1860	102	113	89.8			
	11.10 (11.11)		138	153	121			
	12.70		184	203	162			
	15.20 (15.24)		260	288	229			
	15.70		279	309	246			
	17.80 (17.78)		355	391	311			
	18.90		409	453	360			
	21.60		530	587	466			

钢绞线结构	公称直径 D_n/mm	公称抗拉强度 R_m/MPa	整根钢绞线最大力 F_m/kN ≥	最大力的最大值 $F_{m,max}$/kN ≤	0.2%屈服力 $F_{p0.2}$/kN ≥	最大力总伸长率 $(L_0 \geq 400\text{mm})$ $A_{gt} \geq$	应力松弛性能 初始负荷相当于实际最大力的百分数	应力松弛性能 1000h应力松弛率 $r \leq$
1×7	9.50 (9.53)	1960	107	118	94.2	3.5%	70%~80%	2.5%~4.5%
	11.10 (11.11)		145	160	128			
	12.70		193	213	170			
	15.20 (15.24)		274	302	241			
1×7I	12.70	1860	184	203	162			
	15.20 (15.24)		260	288	229			
(1×7)C	12.70	1860	208	231	183			
	15.20 (15.24)	1820	300	333	264			
	18.00	1720	384	428	338			

表10-13　　　　1×19结构钢绞线力学性能

钢绞线结构	公称直径 D_n/mm	公称抗拉强度 R_m/MPa	整根钢绞线最大力 F_m/kN ≥	最大力的最大值 $F_{m.max}$/kN ≤	0.2%屈服力 $F_{p0.2}$/kN ≥	最大力总伸长率 (L_0≥400mm) A_{gt} ≥	初始负荷相当于实际最大力的百分数	1000h应力松弛率 r ≤
1×19S (1+9+9)	28.6	1720	915	1021	805	3.5%	70%~80%	2.5%~4.5%
	17.8	1770	368	410	334			
	19.3		431	481	379			
	20.3		480	534	422			
	21.8		554	617	488			
	28.6	1810	942	1048	829			
	20.3		491	545	432			
	21.8		567	629	499			
	17.8	1860	387	428	341			
	19.3		454	503	400			
	20.3		504	558	444			
	21.8		583	645	513			
1×19W (1+6+6/6)	28.6	1570	915	1021	805			
	28.6	1720	942	1048	829			
	28.6	1860	990	1096	854			

第三节　检验依据、取样与检验规则

一、检验依据

混凝土和预应力混凝土用钢材的检验标准如下,其中(1)~(4)为产品评定标准,(5)~(8)为检验方法标准。

(1)《钢筋混凝土用钢 第1部分:热轧光圆钢筋》(GB 1499.1—2008);

(2)《钢筋混凝土用钢 第2部分:热轧带肋钢筋》(GB 1499.2—2007);

(3)《预应力混凝土用钢丝》(GB/T 5223—2014);

(4)《预应力混凝土用钢绞线》(GB/T 5224—2014);

(5)《金属材料 拉伸试验 第1部分:室温试验方法》(GB/T 228.1—2010);

(6)《金属材料 弯曲试验方法》(GB/T 232—2010);

(7)《金属材料 线材 反复弯曲试验方法》(GB/T 238—2013);

(8)《预应力混凝土用钢材试验方法》(GB/T 21839—2008)。

二、取样与检验规则

混凝土用钢材取样与检验规则见表10-14。

表 10-14　　　　　　　　　　取样与检验规则

钢材品种	检验项目		试样数量/（根/批）	组批规则和取样方法
热轧光圆钢筋	拉伸	屈服点	2	(1)同一炉号、同一规格、同一交货状态每60t为一验收批,不足60t按一批计;
		抗拉强度		
		伸长率		
	冷弯		2	

钢材品种	检验项目		试样数量/ （根/批）	组批规则和取样方法
热轧带肋 钢筋	拉伸	屈服点	2	（2）同批钢筋中任选两根钢筋切取试样，拉伸试样长约 50cm，冷弯试样长约 30cm
		抗拉强度		
		伸长率		
	冷弯		2	
预应力 混凝土用 钢丝	拉伸	最大力	3	（1）每批钢丝由同一牌号、同一规格、同一加工状态的钢丝组成，每批质量不大于 60t。 （2）在每（任一）盘卷中任意一端截取
		0.2% 屈服力		
		最大力总伸长率		
	反复弯曲		3	
预应力 混凝土用 钢绞线		钢绞线伸直性	3	（1）每批钢绞线由同一牌号、同一规格、同一生产工艺捻制的钢绞线组成，每批质量不大于 60t。 （2）在每（任一）盘卷中任意一端截取
	拉伸	最大力	3	
		0.2% 屈服力		
		最大力总伸长率		

第四节　钢筋焊接接头检验

一、检验依据

钢筋焊接接头的检验方法标准为《钢筋焊接接头试验方法标准》(JGJ/T 27—2014)，评定标准为《钢筋焊接及验收规程》(JGJ 18—2012)。

二、取样与检验规则

1. 取样规则

钢筋焊接接头取样规则见表 10-15。

表 10-15　　　　　　　**钢筋焊接接头取样规则**

钢材品种	检验项目		试样数量/ （根/批）	组批规则和取样方法
闪光对焊接头	拉伸	抗拉强度	3	（1）同一台班内，由同一焊工完成的 300 个同牌号、同直径钢筋焊接接头作为一批（可在一周内累计），不足 300 个头时按一批。拉伸试样长约 50cm，冷弯试样长约 30cm。 （2）封闭环式箍筋闪光对焊接头，以 600 个同牌号、同规格的接头作为一批，只做拉伸试验
		断裂位置离焊口距离		
	冷弯		3	
电弧焊、电渣压力焊接头	拉伸	抗拉强度	3	（1）在现浇钢筋混凝土结构中，应以 300 个同牌号钢筋焊接接头作为一批；在房屋结构中，应在不超过二楼层中 300 个同牌号钢筋焊接接头作为一批；当不足 300 个头时，仍应作为一批。 （2）在同一批中若有几种不同直径的钢筋焊接接头，应在最大直径钢筋接头中切取 3 个试件
		断裂位置离焊口距离		
气压焊接头	拉伸	抗拉强度	3	（1）在现浇钢筋混凝土结构中，应以 300 个同牌号钢筋焊接接头作为一批；在房屋结构中，应在不超过二楼层中 300 个同牌号钢筋焊接接头作为一批；当不足 300 个头时，仍应作为一批。 （2）在柱、墙的竖向钢筋连接中，应从每批接头中随机切取 3 个接头作拉伸试验；在梁、板的水平钢筋连接中，应另取 3 个接头做弯曲试验。 （3）在同一批中若有几种不同直径的钢筋焊接接头，应在最大直径钢筋接头中切取 3 个试件
		断裂位置离焊口距离		
	冷弯		3	

2. 检验规则

（1）钢筋闪光对焊接头、电弧焊接头、电渣压力焊接头、气压焊接头拉伸试验结果均应符合下列要求：

1）热轧钢筋接头试件的抗拉强度均不得小于该牌号钢筋规定的抗拉强度；HRB400 钢筋接头试件的抗拉强度均不得小于 570MPa；

2）至少应有 2 个试件断于焊缝之外，并应呈延性断裂。

当达到上述 2 项要求时，应评定该批接头为抗拉强度合格。

当试验结果有 2 个试件抗拉强度小于钢筋规定的抗拉强度，或 3 个试件均在焊缝或热影响区发生脆性断裂时，则一次判定该批接头为不合格品。

当试验结果有 1 个试件抗拉强度小于规定值，或 2 个试件均在焊缝或热影响区发生脆性断裂，其抗拉强度均小于钢筋规定抗拉强度的 1.10 倍时，应进行复验。

复验时，应再切取 6 个试件。复验结果，当仍有 1 个试件的抗拉强度小于规定值；或 3 个试件均在焊缝或热影响区发生脆性断裂，其抗拉强度均小于钢筋规定抗拉强度的 1.10 倍时，应判定该批接头为不合格品。

注：当接头试验虽断于焊缝或热影响区，呈脆性断裂，但其抗拉强度大于或等于钢筋规定强度的 1.10 倍时，可按断于焊缝或热影响区之外，称延性断裂同等对待。

（2）钢筋焊接接头弯曲试验时，焊缝应处于弯曲中心点，弯心直径和弯曲角应符合表 10-16 的规定。

表 10-16   **接头弯曲试验指标**

钢筋牌号	弯心直径	弯曲角/(°)
HPB235	$2d$	90
HRB335	$4d$	90
HRB400、RRB400	$5d$	90
HRB500	$7d$	90

注：1. d 为钢筋直径(mm)。

2. 直径大于25mm的钢筋焊接接头，弯心直径应增加1倍钢筋直径。

弯曲试验结果应符合下列规定：

1) 当弯至 90°，有 2 个或 3 个试件外侧(含焊缝和热影响区)未发生破裂，应评定该批接头弯曲试验合格。

2) 当 3 个试件均发生破裂，则一次判定该批接头为不合格品。

3) 当有 2 个试件试样发生破裂，应进行复验。复验时，应再切取 6 个试件。复验结果，当有 3 个试件均发生破裂时，应判定该批接头为不合格品。

注：当试件外侧横向裂纹宽度达到 0.5mm 时，应认定已经破裂。

(3) 钢筋焊接接头或焊接制品质量验收时，应在施工单位自行质量评定合格的基础上，由监理(建设)单位对检验批有关资料进行核查，组织项目专业质量检查员等进行验收，对焊接接头合格与否作出结论。

第十一章

沥青与聚合物改性沥青

第一节 概　述

一、沥青

1. 沥青的分类

沥青是由不同分子量的碳氢化合物及其非金属衍生物组成的黑褐色复杂混合物,呈液态、半固态或固态,表面呈黑色,是一种防水防潮和防腐的有机胶凝材料。

沥青主要分为煤焦沥青、石油沥青和天然沥青三种。

煤焦沥青是炼焦的副产品,即焦油蒸馏后残留在蒸馏釜内的黑色物质。它与精制焦油只是物理性质有分别,没有明显的界限,一般的划分方法是规定软化点在 26.7℃(立方块法)以下的为焦油,26.7℃ 以上的为沥青。煤焦沥青中主要含有难挥发的蒽、菲、芘等,这些物质具有毒性,由于这些成分的含量不同,煤焦沥青的性质也因此不同。温度的变化对煤焦沥青的影响很大,冬季容易脆裂,夏季容易软化。加热时有特殊气味;加热到 260℃ 在 5h 以后,其所含的蒽、菲、芘等成分就会挥发出来。

石油沥青的化学元素主要为碳(80%～87%),氧、氮、硫元素的总和一般不超过 5%。石油沥青是原油蒸馏后的残渣。根据提炼程度的不同,在常温下成液体、半固体或固体。石油沥青色黑而有光泽,具有较高的感温性。由于它在生产过程中曾经蒸馏至 400℃ 以上,因而所含挥发成分甚少,但仍可能有高分子的碳氢化合物未经挥发出来,这些物质或多或少对人体健康是有害的。

天然沥青储藏在地下,有的形成矿层或在地壳表面堆积。这种沥青大都经过天然蒸发、氧化,一般已不含有任何毒素。

沥青属于憎水性材料,它不透水,也几乎不溶于水、丙酮、乙醚、稀乙醇,溶于二硫化碳、四氯化碳、氢氧化钠。

2. 沥青的特点及应用

沥青与其他胶结材料相比,具有其明显的特点:

(1)感温性。沥青是对温度非常敏感的材料。同一沥青在不同的温度下,可呈现出不同的形态,如液体、固体、半固体等。这一性能不仅决定了沥青具有高温流淌,低温脆裂的特性,而且要求在检测其技术性能时,必须在规定的某一温度下进行,否则检测的结果将失去可比性。

(2)老化。由于沥青中的各组分不是一个稳定的化合物,因此,沥青是一种易老化的材料。在外界条件的影响下,随着时间的推移,沥青中的各组分会发生转移,最终使沥青的路用性能恶化。因此,抗老化一直是我们研究沥青性能的重要内容。

(3)含蜡量。由于我国原油多数为石蜡基原油,因此国产沥青的显著特点是含蜡量高。蜡是一种极不稳定的物质,对温度的敏感性很高,它不仅影响沥青的温度稳定性,而且还影响沥青的防滑性能。含蜡量过高的沥青是不能用于道路工程的。我国目前正致力于研究沥青的脱蜡技术。

目前沥青被广泛应用于水利科技、工程力学、工程结构、建筑材料中,主要用于涂料、塑料、橡胶等工业以及铺筑路面等。

水利工程中采用的沥青绝大多数是建筑石油沥青,一般用于防渗工程及道路工程。

3. 沥青的技术指标

沥青的技术指标分为密度、相对密度、针入度、针入度指数、延度、软化点、溶解度、蒸发损失、闪点、弗拉斯脆点以及黏度 11 种。

密度指沥青试样在规定温度下单位体积所具有的质量,以 t/m^3 计。

相对密度指在规定温度下,沥青质量与同体积的水质量之比值。

针入度指在规定温度和时间内,附加一定质量的标准针垂直贯入沥青试样的深度,以 0.1mm 表示。

针入度指数指一种沥青结合料的温度感应性指标,反应针入度随温度而变化的程度,有不同温度的针入度按规定方法计算得到。

延度指规定形态的沥青试样,在规定温度下以一定速度受拉伸至断开时的长度,以 cm 表示。

软化点指沥青试样在规定尺寸的金属环内,上置规定尺寸和质量的金属钢球,放于水或甘油中,以规定的速度加热,至钢球下沉达规定距离时的温度,以 ℃ 表示。

溶解度指沥青试样在规定溶剂中可溶物的含量,以质量百分率表示。

蒸发损失指沥青试样在内径 55mm、深 35mm 的盛样皿中,在 163℃ 温度条件下加热并保持 5h 后质量的损失,以百分率表示。

闪点指沥青试样在规定的盛样器内按规定的升温速度受热时所蒸发的气体以规定的方法与试焰接触,初次发生一瞬即燃时的试样温度,以 ℃ 表示。盛样器对黏稠沥青是克利夫兰开口杯(简称 COC),对液体沥青是泰格开口杯(简称 TOC)。

弗拉斯脆点指涂于金属片上的沥青试样薄膜在规定条件下,因被冷却和弯曲而出现裂纹时的温度,以 ℃ 表示。

黏度指沥青试样在规定条件下流动时形成的抵抗力或内部阻力的度量,也称黏滞度。

二、聚合物改性沥青

聚合物改性沥青一般指为了改善沥青的感温性及老化等缺点,掺加聚合物材料进行化学改性的沥青。

聚合物改性沥青通常具有如下几个特点:

(1) 优良的高温稳定性、较好的低温抗裂和抗裂缝的能力;

(2) 较强的黏结力及抗水损害能力;

（3）具有较长的使用寿命。

水利工程改性沥青主要用于道路工程以及防水卷材。

聚合物改性道路沥青按聚合物改性剂的材性分为：热塑性弹性体（SBS）、丁苯橡胶（SBR）、乙烯—醋酸乙烯共聚物（EVA）、聚乙烯（PE）为改性外掺材料制作的聚合物改性沥青。

聚合物改性沥青按聚合物改性剂的材性分为：弹性体改性沥青和塑性体改性沥青，它们分别作为塑性体和弹性体材料用于防水卷材，塑性体改性沥青防水卷材的代表产品是APP改性沥青防水卷材；弹性体改性沥青防水卷材的代表产品是SBS改性沥青防水卷材。

第二节 沥青及聚合物改性沥青主要性能指标

一、建筑石油沥青

建筑石油沥青按针入度不同分为 10 号、30 号和 40 号三个牌号，质量指标应满足表 11-1 规定。

表 11-1   建筑石油沥青技术要求

项 目		质量指标		
		10 号	30 号	40 号
针入度(25℃,100g,5s)(1/10 mm)		10～25	26～35	36～50
针入度(45℃,100g,5s)(1/10 mm)		报告①	报告①	报告①
针入度(0℃,200g,5s)(1/10 mm)	不小于	3	6	6
延度(25℃,5cm/min)/cm	不小于	1.5	2.5	3.5
软化点(环球法)/℃	不低于	95	75	60
溶解度(三氯乙烯)	不小于	99.0%		
蒸发后质量变化(163℃,5h)	不大于	1%		
蒸发后25℃针入度比②	不小于	65%		
闪点(开口杯法)/℃	不低于	260		

注：① 报告应为实测值。

② 测定蒸发损失后样品的 25℃针入度与原 25℃针入度之比乘以 100 后，所得的百分比，称为蒸发后针入度比。

二、聚合物改性道路沥青

按改性材料不同,聚合物改性道路沥青分为 SBS 类（Ⅰ）类、SBR 类（Ⅱ类）和 EVA、PE 类（Ⅲ类）。按针入度和软化点不同,将Ⅰ、Ⅲ类聚合物改性沥青分为 A、B、C、D 四个等级,Ⅱ类分为 A、B 两个等级。

聚合物改性道路沥青物理性能指标应符合表 11-2 要求。

表 11-2　　　　　聚合物改性道路沥青技术要求

项目	SBS 类（Ⅰ类）				SBR 类（Ⅱ类）		EVA 类、PE 类（Ⅲ类）			
	Ⅰ-A	Ⅰ-B	Ⅰ-C	Ⅰ-D	Ⅱ-A	Ⅱ-B	Ⅲ-A	Ⅲ-B	Ⅲ-C	Ⅲ-D
针入度(25℃, 100g,5s) (1/10 mm)	100~ 150	75~ 100	50~ 75	40~ 75	≥100	≥80	≥80	≥60	≥40	≥30
针入度指数① (PI)	报告									
延度(25℃, 5cm/min) /cm ＞	50	40	30	20	60	50				
软化点/℃ ＞	45	50	60	65	45	48	51	54	57	60
黏度②(135℃) /(Pa·s)	＜3				＞0.3		0.15~1.5			
闪点(开口杯法) /℃ ＞	230				230		230			
溶解度① ≥	99%				99%					
离析(软化点差) /℃	≤2.5						无改性剂明显析出、凝聚④			
弹性恢复 (25℃) ≥	65%	70%	75%	80%						
黏韧性/(N·m)					≥5					
韧性/(N·m)					≥2.5					

项目		SBS 类（Ⅰ类）				SBR 类（Ⅱ类）		EVA 类、PE 类（Ⅲ类）			
		Ⅰ-A	Ⅰ-B	Ⅰ-C	Ⅰ-D	Ⅱ-A	Ⅱ-B	Ⅲ-A	Ⅲ-B	Ⅲ-C	Ⅲ-D
旋转薄膜烘箱后⑤	质量损失 ≤	1.0%									
	针入度比（25℃） ＞	50%	55%	60%	65%	50%	55%	50%	55%	58%	60%
	延度(25℃，5cm/min) /cm ＞	30	25	20	15	30	20				

注：① 针入度指数由实测 15℃、255℃、305℃等不同温度下的针入度按式 $\lg P = AT + K$ 直线回归求得参数 A 后。以下式求得：$PI = (20 - 500A)/(1 + 50A)$，该经验式的直线回归的相关系数 R 不行低于 0.997.

② 如果生产者能保证沥青在泵送和施工条件下安全使用，135℃黏度可不作要求。

③《石油沥青溶解度测定法》(GB/T 11148—2008)可以替代《聚合物改性沥青 1，1，1-三氯乙烷溶解度测定法》(SH/T 0738—2003)，但必须在报告中注明：仲裁试验前者。EVA、PE 类（Ⅲ类）改性沥青对溶解度不作要求；SBS（或 SBR）改性沥青中如加入 PE 等三氯乙烷不溶物后，则不得称为 SBS（或 SBR）改性沥青，其溶解度指标按照具体工程上的技术要求处理。

④ 定性观测见《聚合物改性沥青离析试验法》(SH/T 0740—2003)的附录 A。

⑤ 老化试验以旋转薄膜烘箱试验(RTFOT)为准，允许以薄膜烘箱(TFOT)代替，但必须在报告中注明，且不得作为仲裁试验。

三、塑性体改性沥青

塑性体改性沥青专指 APP、APAO 和 APO 与沥青的混合物，按软化点和低温柔度不同，塑性体改性沥青分为Ⅰ型和Ⅱ型，塑性体改性沥青物理性能指标应符合表 11-3 要求。

表 11-3　　塑性体改性沥青物理性能指标

序号	项目	技术指标	
		Ⅰ型	Ⅱ型
1	软化点/℃ ≥	125	145
2	低温柔度/℃	—5	—15
		无裂纹	

序号	项目		技术指标	
			Ⅰ型	Ⅱ型
3	渗油性	渗出张数 ≤	2	
4	二甲苯可溶物含量	改性沥青 ≥	97%	
		改性沥青涂盖料 ≥	94%	
5	闪点/℃ ≥		230	

四、弹性体改性沥青

本文弹性体改性沥青专指 SBS 改性沥青,按软化点、低温柔度和弹性恢复率不同,SBS 改性沥青分为Ⅰ型和Ⅱ型。

塑性体改性沥青物理性能指标应符合表 11-4 要求。

表 11-4 **SBS 改性沥青物理性能指标**

序号	项目		技术指标	
			Ⅰ型	Ⅱ型
1	软化点/℃ ≥		105	115
2	低温柔度/℃		—18	—25
			无裂纹	
3	弹性恢复性 ≥		85%	90%
4	离析性	上下层软化点变化率 ≤	20%	
5	二甲苯可溶物含量	改性沥青 ≥	97%	
		改性沥青涂盖料 ≥	94%	
6	闪点/℃ ≥		230	

第三节　检验依据及取样规则

一、检验依据

沥青及聚合物改性沥青检验依据见表 11-5。

表 11-5　　　　沥青及聚合物改性沥青检验依据和评定标准

序号	材料名称	检验依据	评定标准
1	沥青	GB/T 11148—2008 GB/T 4509—2010 GB/T 4507—2014 GB/T 4508—2010 GB/T 11164—2011 GB/T 267—1988 GB/T 11147—2010	GB/T 494—2010
2	聚合物改性 道路沥青	GB/T 267—1988 GB/T 4509—2010 GB/T 4507—2014 GB/T 4508—2010 GB/T 5304—2001 GB/T 11147—2010 SH/T 0735—2003 SH/T 0736—2003 NB/SH/T 0737—2014 SH/T 0738—2003 NB/SH/T 0739—2014 SH/T 0740—2003	SH/T 0734—2003
3	塑性体改性沥青	GB/T 267—1988 GB/T 4507—2014 GB/T 18234—2000 GB/T 18378—2008	GB/T 26510—2011
4	弹性体(SBS) 改性沥青	GB/T 267—1988 GB/T 4508—2010 GB/T 18242—2008 GB/T 18378—2008	GB/T 26528—2011 GB 18242—2008

二、沥青及聚合物改性沥青检验规则

沥青及聚合物改性沥青检验规则见表 11-6。

表 11-6　　　　　　沥青及聚合物改性沥青检验规则

序号	材料名称	参考标准	抽样原则	抽检频次
1	沥青	GB/T 11147—2010	以同一批生产的产品为一个批次,液体沥青样品量: (1)常规检验取样 1L(乳化 4L);(2)从贮罐中取样为 4L;(3)从桶中取样为 1L。 固体和半固体样品量:1～2kg	按照批次抽检
2	聚合物改性道路沥青	GB/T 11147—2010	以同一批生产的产品为一个批次,液体沥青样品量: (1)常规检验取样 1L(乳化 4L);(2)从贮罐中取样为 4L;(3)从桶中取样为 1L。固体和半固体样品量:1～2kg	按照批次抽检
3	塑性体改性沥青	GB/T 26510—2011	以同一批生产的产品为一个批次,随机取样 1kg	按照批次抽检,一般性试验包括软化点、低温柔度和渗油性。产品第一次进场时进行一次全项检测,以后每半年进行一次全项检测
4	弹性体改性沥青	GB/T 26528—2011	以同一批生产的产品为一个批次,随机取样 1kg	按照批次抽检,一般性试验包括软化点、低温柔度和弹性恢复率。产品第一次进场时进行一次全项检测,以后每半年进行一次全项检测

第十二章

砖、砌块、砌石

第一节 概　述

砖是由黏土、工业废料或其他地方资源为主要原料,以不同工艺制造的,用于砌筑承重和非承重墙体的墙砖。根据生产工艺的不同,砖可以分为烧结砖(经过火焙烧制而成)和非烧结砖(经过高压蒸汽养护制成);根据孔洞多少来分,砖可分为普通砖(没有孔洞或孔洞率小于 25％的砖)和空心砖(孔洞率大于或等于 25％的砖,其中孔洞尺寸小而数量多的又称之为多孔砖)。

砌块是砌筑用的人造块材,是一种新型墙体材料,外形多为直角六面体,也有各种异型体砌块。砌块长度、宽度或高度有一项或一项以上分别超过 365mm、240mm 或 115mm,但砌块高度一般不大于长度或宽度的 6 倍,长度不超过高度的 3 倍。按外观形状分,砌块可分为实心砌块(空心率小于 25％或无孔洞)和空心砌块(空心率大于或等于 25％);根据材料不同,砌块可分为蒸压加气混凝土砌块、普通混凝土小型空心砌块、粉煤灰砌块、粉煤灰混凝土小型空心砌块等。

砌石为水利工程常见原材料,用于坝体砌筑、护坡、护底等部位,多选用质地坚硬、不易风化的石料。

第二节　主要性能指标

一、烧结普通砖

1. 定义、分类、等级及规格

凡以黏土、页岩、煤矸石和粉煤灰等为主要原料,经焙烧而成的普通砖,称为烧结普通砖。

按所用主要原料,烧结普通砖可分为黏土砖(N)、页岩砖(Y)、煤矸石砖(M)和粉煤灰砖(F)。需要指出的是,因黏土砖毁田取土,能耗大,施工效率低,砌体自重大,抗震性差等缺点,在我国主要大、中城市及地区已被禁止生产和使用。

根据抗压强度分为 MU30、MU25、MU20、MU15、MU10五个强度等级。

强度、抗风化性能和放射性物质合格的砖,根据尺寸偏差、外观质量、泛霜和石灰爆裂分为优等品(A)、一等品(B)、合格品(C)三个质量等级。

普通砖的外形为直角六面体,其公称尺寸为:长 240mm、宽 115mm、高 53mm。

2. 性能指标

(1)尺寸偏差。尺寸允许偏差应符合表 12-1 规定。

表 12-1 尺寸允许偏差 (单位:mm)

公称尺寸	优等品		一等品		合格品	
	样本平均偏差	样本极差 ≤	样本平均偏差	样本极差 ≤	样本平均偏差	样本极差 ≤
240	±2.0	6	±2.5	7	±3.0	8
115	±1.5	5	±2.0	6	±2.5	7
53	±1.5	4	±1.6	5	±2.0	6

(2)外观质量。外观质量应符合表 12-2 规定。

表 12-2 外观质量 (单位:mm)

项 目		优等品	一等品	合格
两条面高度差	≤	2	3	4
弯曲	≤	2	3	4
杂质凸出高度	≤	2	3	4
缺棱掉角的三个破坏尺寸	不得同时大于	5	20	30

项　目		优等品	一等品	合格
裂纹长度 ≤	a. 大面上宽度方向及其延伸至条面的长度	30	60	80
	b. 大面上长度方向及其延伸至顶面的长度或条顶面上水利裂纹的长度	50	80	100
完整面	不得少于	二条面和二顶面	一条面和一顶面	
颜色		基本一致	—	

注：1. 为装饰而施加的色差、凹凸纹、拉毛、压花等不算作缺陷。

2. 凡有下列缺陷之一者，不得称为完整面：缺损在条面或顶面上造成的破坏面尺寸同时大于 10mm×10mm；条面或顶面上裂纹宽度大于 1mm，其长度超过 30mm；压陷、黏底、焦花在条面或顶面上的凹陷或凸起超过 2mm，区域尺寸同时大于 10mm×10mm。

（3）强度。强度应符合表 12-3 规定。

表 12-3　　　　　　　　　　**强　度**　　　　　　（单位：MPa）

强度等级	抗压强度平均值 ≥	变异系数 $\delta \leqslant 0.21$	变异系数 $\delta > 0.21$
		强度标准值≥	单块最小抗压强度值≥
MU30	30.0	22.0	25.0
MU25	25.0	18.0	22.0
MU20	20.0	14.0	16.0
MU15	15.0	10.0	12.0
MU10	10.0	6.5	7.5

二、烧结多孔砖和多孔砌块

1. 定义、分类、等级及规格

以黏土、页岩、煤矸石和粉煤灰、淤泥及其他固体废弃物等为主要原料，经焙烧而成主要用于承重部位的多孔砖和多孔砌块，称为烧结多孔砖和多孔砌块。

按主要原料，烧结多孔砖和多孔砌块可分为黏土砖和黏土砌块(N)、页岩砖和页岩砌块(Y)、煤矸石砖和煤矸石砌块(M)和粉煤灰砖和粉煤灰砌块(F)、淤泥砖和淤泥砌块(U)、固体废弃物砖和固体废弃物砌块(G)。

根据抗压强度分为 MU30、MU25、MU20、MU15、MU10五个强度等级。

砖的密度等级分为 1000、1100、1200、1300 四个等级。

砌块的密度等级分为 900、1000、1100、1200 四个等级。

砖和砌块的长度、宽度、高度尺寸应符合下列要求：

砖规格尺寸(mm)：290、240、190、180、140、115、90；

砌块规格尺寸(mm)：490、440、390、340、290、240、190、180、140、115、90。

2. 性能指标

(1) 尺寸偏差。尺寸允许偏差应符合表 12-4 规定。

表 12-4　　　　　　　尺寸允许偏差　　　　　　(单位：mm)

尺寸	样本平均偏差	样本极差　不大于
>400	±3.0	10.0
300~400	±2.5	9.0
200~300	±2.5	8.0
100~200	±2.0	7.0
<100	±1.5	6.0

(2) 外观质量。外观质量应符合表 12-5 规定。

表 12-5　　　　　　　　外观质量　　　　　　　(单位：mm)

项　　目		指　标
1. 完整面	不得少于	一条面和一顶面
2. 缺棱掉角的三个破坏尺寸	不得同时大于	30
3. 裂纹长度	不大于	
a) 大面上(有孔面)深入孔壁 15mm 以上宽度方向及其延伸到条面的长度	不大于	80

项　目	指　标
b) 大面上(有孔面)深入孔壁 15mm 以上长度方向及其 延伸到顶面的长度　　　　　　　　　　不大于	100
c) 条顶面上的水平裂纹　　　　　　　　　不大于	100
4. 杂质在砖面上造成的凸出高度　　　　　不大于	5

注:凡有下列缺陷之一者,不能称为完整面:缺损在条面或顶面上造成的破坏面尺寸同时大于 20mm×30mm;条面或顶面上裂纹宽度大于 1mm,其长度超过 70mm;压陷、黏底、焦花在条面或顶面上的凹陷或凸起超过 2mm,区域最大投影尺寸同时大于 20mm×30mm。

（3）强度等级。强度等级应符合表 12-6 规定。

表 12-6　　　　　　　　**密度等级**　　　　（单位：kg/m³）

密度等级		3 块砖或砌块干燥表观密度平均值
——	900	≤900
1000	1000	900～1000
1100	1100	1000～1100
1200	1200	1100～1200
1300	——	1200～1300

（4）强度等级。强度等级应符合表 12-7 规定。

表 12-7　　　　　　　　**强度等级**　　　　（单位：MPa）

强度等级	抗压强度平均值 ≥	单块标准值 ≥
MU30	30.0	22.0
MU25	25.0	18.0
MU20	20.0	14.0
MU15	15.0	10.0
MU10	10.0	6.5

三、烧结空心砖和空心砌块

1. 分类、等级及规格

烧结空心砖和空心砌块主要用于建筑物非承重部位,按主要原料分为黏土砖和砌块(N)、页岩砖和砌块(Y)、煤矸石砖和砌块(M)和粉煤灰砖和砌块(F)。

抗压强度分为 MU10.0、MU7.5、MU5.0、MU3.5、MU2.5。体积密度分为 800 级、900 级、1000 级、1100 级。强度、密度、抗风化性能和放射性物质合格的砖和砌块,根据尺寸偏差、外观质量、孔洞排列及其结构、泛霜、石灰爆裂、吸水率分为优等品(A)、一等品(B)和合格品(C)三个质量等级。

砖和砌块的外型为直角六面体,其长度、宽度、高度尺寸应符合下列要求,单位为毫米(mm):390,290,240,190,180(175),140,115,90。

2. 性能指标

(1) 尺寸偏差。尺寸允许偏差应符合表 12-8 规定。

表 12-8　　　　　　　　尺寸允许偏差　　　　　　(单位:mm)

尺寸	优等品		一等品		合格品	
	样本平均偏差	样本极差 ≤	样本平均偏差	样本极差 ≤	样本平均偏差	样本极差 ≤
>300	±2.5	6.0	±3.0	7.0	±3.5	8.0
>200～300	±2.0	5.0	±2.5	6.0	±3.0	7.0
100～200	±1.5	4.0	±2.0	5.0	±2.5	6.0
<100	±1.5	3.0	±1.7	4.0	±2.0	5.0

(2) 外观质量。外观质量应符合表 12-9 规定。

表 12-9　　　　　　　　外观质量　　　　　　(单位:mm)

项　目		优等品	一等品	合格
弯曲	≤	3	4	5
缺棱掉角的三个破坏尺寸不得	同时>	15	30	40
垂直度差	≤	3	4	5
未贯穿裂纹长度	≤			
大面上宽度方向及其延伸到条面的长度		不允许	100	120
大面上长度方向或条面上水平面方向的长度		不允许	120	140
贯穿裂纹长度	≤			

项　目		优等品	一等品	合格
大面上宽度方向及其延伸到条面的长度		不允许	40	60
壁、肋沿长度方向、宽度方向及其水平方向的长度		不允许	40	60
肋、壁内残缺长度 ≤		不允许	40	60
完整面 不少于		一条面和一大面	一条面和一大面	——

注：凡有下列缺陷之一者，不能称为完整面：缺损在大面、条面上造成的破坏面尺寸同时大于 20mm×30mm；大面、条面上裂纹宽度大于 1mm，其长度超过 70mm；压陷、黏底、焦花在大面、条面上的凹陷或凸起超过 2mm，区域尺寸同时大于 20mm×30mm。

（3）强度等级。强度等级应符合表 12-10 规定。

表 12-10　　　　　　强度等级

强度等级	抗压强度/MPa			密度等级范围/（kg/m³）
	抗压强度平均值 ≥	变异系数 $\delta \leqslant 0.21$ 强度标准值 ≥	变异系数 $\delta > 0.21$ 单块最小抗压强度值 ≥	
MU30	10.0	7.0	8.0	≤1100
MU25	7.5	5.0	5.8	
MU20	5.0	3.5	4.0	
MU15	3.5	2.5	2.8	
MU10	2.5	1.6	1.8	≤800

（4）密度等级。密度等级应符合表 12-11 规定。

表 12-11　　　　　　密度等级　　　　　（单位：kg/m³）

密度等级	5 块密度平均值
800	≤800
900	801～900
1000	901～1000
1100	1001～1100

四、蒸压灰砂砖

1. 定义、分类、等级及规格

以石灰和砂为主要原料,允许掺入颜料和外加剂,经坯料制备、压制成型、蒸压养护而成的实心灰砂砖,称为蒸压灰砂砖。

根据颜色不同,灰砂砖可分为彩色灰砂砖(Co)、本色灰砂砖(N)。

根据抗压强度和抗折强度分为 MU25、MU20、MU15、MU10 四个强度等级。

根据尺寸偏差、外观质量、强度及抗冻性分为优等品(A)、一等品(B)、合格品(C)三个质量等级。

砖的公称尺寸为长 240mm、宽 115mm、高 53mm。

2. 性能指标

(1)尺寸偏差和外观。尺寸允许偏差和外观应符合表 12-12 规定。

表 12-12   尺寸偏差和外观

项　目				指　标		
				优等品	一等品	合格品
尺寸允许偏差/mm	长度	L		±2	±2	±3
	宽度	B		±2		
	高度	H		±1		
缺棱掉角	个数/个		≤	1	1	2
	最大尺寸/mm		≤	10	15	20
	最小尺寸/mm		≤	5	10	10
对应高度差/mm			≤	1	2	3
裂纹	条数/条		≤	1	1	2
	大面上宽度方向及其延伸到条面的长度/mm		≤	20	50	70
	大面上长度方向及其延伸到顶面上的长度或条、顶面水平裂纹的长度/mm		≤	30	70	100

(2)颜色。颜色应基本一致,无明显色差,但对本色灰砂

砖不作规定。

（3）抗压强度和抗折强度。抗压强度和抗折强度应符合表 12-13 规定。

表 12-13　　　　　力学性能　　　　（单位：MPa）

强度等级	抗压强度		抗折强度	
	平均值不小于	单块值不小于	平均值不小于	单块值不小于
MU25	25.0	20.0	5.0	4.0
MU20	20.0	16.0	4.0	3.2
MU15	15.0	12.0	3.3	2.6
MU10	10.0	8.0	2.5	2.0

注：优等品的强度级别不得小于 MU15。

五、蒸压粉煤灰砖

1. 定义、分类、等级及规格

以粉煤灰、生石灰为主要原料，掺加适量石膏等外加剂和其他集料，经坯料制备、压制成型、高压蒸汽养护而制成的砖，称为蒸压粉煤灰砖。

根据强度分为 MU30、MU25、MU20、MU15、MU10 五个等级。

砖的公称尺寸为长 240mm、宽 115mm、高 53mm。

2. 性能指标

（1）尺寸偏差和外观。外观质量和尺寸偏差应符合表 12-14 规定。

表 12-14　　　　外观质量和尺寸偏差　　　　（单位：mm）

项目名称			技术指标
外观质量	缺棱掉角	个数/个	≤2
		三个方向投影尺寸的最大值/mm	≤15
	裂纹	裂纹延伸的投影尺寸累计/mm	≤20
	层裂		不允许
尺寸偏差	长度/mm		+2 −1
	宽度/mm		±
	高度/mm		+2 −1

（2）强度等级。强度等级应符合表 12-15 规定。

表 12-15　　　　　　　**力学性能**　　　　　（单位：MPa）

强度等级	抗压强度		抗折强度	
	平均值不小于	单块值不小于	平均值不小于	单块值不小于
MU30	30.0	24.0	4.8	3.8
MU25	25.0	20.0	4.5	3.6
MU20	20.0	16.0	4.0	3.2
MU15	15.0	12.0	3.7	3.0
MU10	10.0	8.0	2.5	2.0

六、蒸压灰砂多孔砖

1. 定义、等级及规格

以砂、石灰为主要原料，允许掺入颜料和外加在剂，经坯料制备、压制成型、高压蒸汽养护而制成的多孔砖，称为称为蒸压灰砂多孔砖。

根据抗压强度分为 MU30、MU25、MU20、MU15 四个强度等级。

根据尺寸偏差和外观质量将产品分为优等品（A）和合格品（C）两个等级。

普通砖的外形为直角六面体，其公称尺寸为长 240mm、宽 115mm、高 53mm；长 240mm、宽 115mm、高 115mm。

2. 性能指标

（1）尺寸偏差。尺寸允许偏差应符合表 12-16 规定。

表 12-16　　　　　　　**尺寸允许偏差**　　　　　（单位：mm）

公称尺寸	优 等 品		合 格 品	
	样本平均偏差	样本极差≤	样本平均偏差	样本极差≤
长度	±2.0	4	±2.5	6
宽度	±1.5	3	±2.0	5
高度	±1.5	2	±1.5	4

（2）外观质量。外观质量应符合表 12-17 规定。

表 12-17　　　　　　　　　　　　　**外观质量**

项　目		优等品	合　格
缺棱掉角	最大尺寸/mm　　　　　　　　　　　　≤	10	15
	大于以上尺寸的缺棱掉角个数/个　　　≤	0	1
裂纹长度	大面宽度方向及其延伸到条面的长度/mm　≤	20	50
	大面长度方向及其延伸到顶面或条面长度方向及其延伸到顶面的水平裂纹长度/mm　≤	30	70
	大于以上尺寸的裂纹条数　　　　　　　≤	0	1

（3）孔型、孔洞率及孔洞结构。孔洞排列上下左右应对称，分布均匀；圆孔直径不大于 22mm；非圆孔内切圆直径不大于 15mm；孔洞外壁厚度不小于 10mm；肋厚度不小于7mm；孔洞率不小于 25%。

（4）强度。强度应符合表 12-18 规定。

表 12-18　　　　　　　　　　**强度**　　　　　　　　（单位：MPa）

强度等级	抗压强度	
	平均值≥	单块最小值≥
MU30	30.0	24.0
MU25	25.0	20.0
MU20	20.0	16.0
MU15	15.0	12.0

七、蒸压加气混凝土砌块

1. 定义、等级及规格

以砂、粉煤灰、水泥、矿渣和石灰等为主要原料，掺入加气剂，经坯料制备、压制成型、蒸压养护而成的用于建筑物承重和非承重墙体及保温隔热使用的砌块，称为蒸压加气混凝土砌块。

砌块按强度分为 A1.0、A2.0、A2.5、A3.5、A5.0、A7.5、A10 七个级别，按干密度分为 B03、B04、B05、B06、B07、B08六个级别。

根据尺寸偏差与外观质量、干密度、强度及抗冻性分为优等品(A)、合格品(B)二个等级。

砌块的规格尺寸见表 12-19。

表 12-19 **砌块的规格尺寸** （单位：mm）

长度 L	宽度 B			高度 H			
600	100	120	125	200	240	250	300
	150	180	200				
	240	250	300				

2. 性能指标

（1）尺寸偏差和外观。尺寸允许偏差和外观应符合表 12-20 规定。

表 12-20 **尺寸偏差和外观**

项 目				指　标	
				优等品	合格品
尺寸允许偏差/mm	长度	L		±3	±4
	宽度	B		±1	±2
	高度	H		±1	±2
缺棱掉角	最小尺寸/mm		≤	0	30
	最大尺寸/mm		≤	0	70
	大于以上尺寸的缺棱掉角个数/个		≤	0	2
裂纹	贯穿一棱二面的裂纹长度不得大于裂纹所在面的裂纹方向尺寸总和的			0	1/3
	任一面上的裂纹长度不得大于裂纹方向尺寸的			0	1/2
	大于以上尺寸的裂纹条数/条		≤	0	2
爆裂、黏膜和损坏深度/mm			≤	10	30
平面弯曲				不允许	
表面疏松、层裂				不允许	
表面油污				不允许	

（2）砌块的立方体强度。砌块的抗压强度应符合表 12-21 规定。

表 12-21　　　　　　　砌块的立方体抗压强度　　　　（单位：MPa）

强度等级	立方体抗压强度	
	平均值≥	单块最小值≥
A1.0	1.0	0.8
A2.0	2.0	1.6
A2.5	2.5	2.0
A3.5	3.5	2.8
A5.0	5.0	4.0
A7.5	7.5	6.0
A10.0	10.0	8.0

（3）砌块的干密度及强度级别。砌块的干密度指砌块试件在 105℃温度下烘至恒质测得的单位体积的质量。砌块干密度、强度级别应符合表 12-22 规定。

表 12-22　　　　　　砌块的干密度及强度级别

干密度级别		B03	B04	B05	B06	B07	B08
干密度 /（kg/m³）	优等品≤	300	400	500	600	700	800
	合格品≤	325	425	525	625	725	825
强度级别	优等品	A1.0	A2.0	A3.5	A5.0	A7.5	A10.0
	合格品			A2.5	A3.5	A5.0	A7.5

八、粉煤灰混凝土小型空心砌块

1. 定义、分类、等级及规格

粉煤灰混凝土小型空心砌块是以粉煤灰、水泥、集料为主要原料，水（也可加入外加剂等）制成的混凝土小型空心砌块。

按砌块孔的排数可分为单排孔（1）、双排孔（2）和多排孔（D）三类。

按砌块密度等级分为 600、700、800、900、1000、1200 和 1400 七个等级。

按砌块抗压强度分为 MU3.5、MU5、MU7.5、MU10、MU15 和 MU20 六个等级。

砌块规格尺寸为 390mm×190mm×190mm。

2. 性能指标

(1)尺寸偏差和外观质量。尺寸允许偏差和外观质量应符合表 12-23 规定。

表 12-23 尺寸偏差和外观质量

项 目		指标
尺寸允许偏差/mm	长度	±2
	宽度	±2
	高度	±2
最小外壁厚/mm ≥	用于承重墙体	30
	用于非承重墙体	20
肋厚/mm ≥	用于承重墙体	25
	用于非承重墙体	15
缺棱掉角	个数,不多于/个	2
	3 个方向投影的最小值,不大于/mm	20
裂缝延伸投影的累计尺寸/mm	≤	20
弯曲/mm	≤	2

(2)密度等级。密度等级应符合表 12-24 规定。

表 12-24 密度等级 (单位:kg/m³)

密度等级	砌块块体密度的范围
600	≤600
700	610～700
800	710～800
900	810～900
1000	910～1000
1200	1010～1200
1400	1210～1400

(3)强度等级。强度等级应符合表 12-25 规定。

表 12-25　　　　　　　　　　　　强度等级　　　　　　　　（单位：MPa）

强度等级	抗压强度	
	平均值≥	单块最小值≥
MU3.5	3.5	2.8
MU5	5.0	4.0
MU7.5	7.5	6.0
MU10	10.0	8.0
MU15	15.0	12.0
MU20	20.0	16.0

（4）相对含水率。相对含水率应符合表 12-26 规定。

表 12-26　　　　　　　　　　相对含水率

使用地区	潮　湿	中　等	干　燥
相对含水率　≤	40%	35%	30%

注：1. 相对含水率即砌块含水率与吸水率之比：

$$W = 100 \times \omega_1 / \omega_2$$

式中：W——砌块的相对含水率，%；

ω_1——砌块的含水率，%；

ω_2——砌块的吸水率，%。

2. 使用地区的湿度条件：

潮湿——系指年平均相对湿度大于 75% 的地区；

中等——系指年平均相对湿度 50%～75% 的地区；

干燥——系指年平均相对湿度小于 50% 的地区。

九、普通混凝土小型空心砌块

1. 定义、分类、等级及规格

以水泥、矿物掺合料、砂、石等为原材料，加水搅拌、振动成型、养护等工艺制成的小型砌块称为普通混凝土小型砌块。

砌块按空心率分为空心砌块（空心率不小于 25%，代号：H）和实心砌块（空心率小于 25%，代号：S）；按使用时砌筑墙体的结构和受力情况，分为承重结构用砌块（L）和非承重结构用砌块（N）。

砌块的抗压强度分级见表 12-27。

表 12-27　　　　　砌块的强度等级　　　　（单位：MPa）

砌块种类	承重砌块（L）	非承重砌块（N）
空心砌块（H）	7.5、10.0、15.0、20.0、25.0	5.0、7.5、10.0
实心砌块（S）	15.0、20.0、25.0、30.0、35.0、40.0	10.0、15.0、20.0

砌块的外型宜为直角六面体，常用块型的规格尺寸见表 12-28。

表 12-28　　　　　　砌块的规格尺寸　　　　（单位：mm）

长　度	宽　度	高　度
390	90、120、140、190、240、290	90、140、190

2. 性能指标

（1）尺寸偏差和外观质量。尺寸允许偏差和外观质量应符合表 12-29 规定。

表 12-29　　　　　尺寸偏差和外观质量

项目名称		技术指标
尺寸偏差/mm	长度	±2
	宽度	±2
	高度	+3，−2
弯曲/mm		≤ 2
缺棱掉角	个数	≤ 1
	三个方向投影尺寸的最大值/mm	≤ 20
裂纹延伸的投影尺寸累计/mm		≤ 30

注：免浆砌块的尺寸允许偏差，应由企业根据块型特点自行给出，尺寸偏差不得影响垒砌和墙片性能。

（2）外壁和肋厚。承重空心砌块的最小外壁厚应不小于 30mm，最小肋厚应不小于 25mm。非承重空心砌块的最小外壁厚和最小肋厚应不小于 20mm。

（3）强度等级。强度等级应符合表 12-30 规定。

表 12-30   **强度等级**   （单位：MPa）

强度等级	抗压强度	
	平均值≥	单块最小值≥
MU5.0	5.0	4.0
MU7.5	7.5	6.0
MU10	10.0	8.0
MU15	15.0	12.0
MU20	20.0	16.0
MU25	25.0	20.0
MU30	30.0	24.0
MU35	35.0	28.0
MU40	40.0	32.0

十、砌石

1. 定义及分类

砌石是砌石工程的主要原料，是由符合工程要求的岩石，经开采和加工而成的石块的统称。

根据砌石的加工深度及外形可将石料分为片石、块石、条石和料石几种。

片石指的是经开采选择所得的形状不规则的、边长一般不小于 15cm 的石块。块石是经开采和加工制成的形状大致方正，厚度不小于 20cm，宽度为厚度 1～1.5 倍，长度为厚度 1.5～3 倍的石块。条石指长度为宽度的 2 倍左右，厚度在 100～200mm，有两个平行面的块石。料石指的是按规定要求经凿琢加工而成的形状规则的石块。

2. 质量指标

根据《碾压式土石坝施工规范》（DL/T 5129—2013），护坡石料须选用质地坚硬、不易风化的石料，其抗水性、抗冻性、几何尺寸等均应满足设计要求。

根据《水利水电工程天然建筑材料勘察规程》（SL 251—2015）的规定，砌石料原岩质量应符合表 12-31 的规定。

表 12-31 　　　　块石料质量技术指标

序号	检测项目	指　标
1	干密度/（g/cm³）	＞2.4
2	饱和抗压强度/MPa	＞30
3	软化系数	＞0.75
4	吸水率	＜10%
5	冻融损失率（质量）	＜1%
6	硫酸盐及硫化物含量（换算成 SO₃）	＜1%

第三节　检验依据及检验规则

一、检验依据

砖、砌块、砌石的检验依据和评定标准见表 12-32。

表 12-32　　砖、砌块、砌石的检验依据和评定标准

序号	材料名称	检验依据	评定标准
1	烧结普通砖		GB 5101—2003
2	烧结多孔砖和多孔砌块		GB 13544—2011
3	烧结空心砖和空心砌块		GB/T 13545—2014
4	蒸压灰砂砖		GB 11945—1999
5	蒸压粉煤灰砖	《砌墙砖试验方法》（GB/T 2542—2012）	JC/T 239—2014
6	蒸压灰砂多孔砖		JC/T 637—2009
7	蒸压加气混凝土砌块		GB 11968—2006
8	粉煤灰混凝土小型空心砌块		JC/T 862—2008
9	普通混凝土小型砌块		GB/T 8239—2014
10	砌石	《水工混凝土试验规程》（SL 352—2006）	SL 251—2015

二、检验规则

1. 砖、砌块检验规则

砖、砌块（不含普通混凝土小型砌块）检验规则如表 12-33

所示,普通混凝土小型砌块检验规则如表 12-34 所示。

表 12-33   **砖、砌块检验规则**

序号	材料名称	常规检验项目及抽样数量（块）							组批原则及抽样规定
		外观质量	尺寸偏差	颜色	强度	密度	孔洞率	表面含水率	
1	烧结普通砖	50	20	/	10		/	/	（1）检验批按 3.5 万～15 万块为一批,不足 3.5 万块按一批计。强度等级抽样数量为 10 块。（2）抽样:外观质量检验的试样采用随机抽样法,在每一检验批的产品堆垛中抽取;尺寸偏差检验和其他检验项目的样品用随机抽样法从外观质量检验后的样品中抽取
2	烧结多孔砖和多孔砌块	50	20	/	10		/	/	
3	烧结空心砖和空心砌块	50	20	/	10	5		/	
4	蒸压灰砂砖	50	50	36	抗压 5 抗折 5				同类型的灰砂砖每 10 万块为一批,不足 10 万块亦为一批
5	蒸压粉煤灰砖	50	50	36	抗压 5 抗折 5				
6	蒸压灰砂多孔砖	50	20	36	10	/	5	/	
7	蒸压加气混凝土砌块	50	50	/	3	3			（1）同品种、同规格、同等级的砌块,以 1 万块为一批,不足 1 万块亦为一批。（2）从外观与尺寸偏差合格的砌块中,随机抽取 6 块砌块制作试件,进行如下项目检验:干密度 3 组 9 块,强度级别 3 组 9 块

序号	材料名称	常规检验项目及抽样数量（块）							组批原则及抽样规定
		外观质量	尺寸偏差	颜色	强度	密度	孔洞率	表面含水率	
8	粉煤灰混凝土小型空心砌块	32	32	/	5	3	/	3	（1）同品种、同规格、同等级的砌块，以1万块为一批，不足1万块亦为一批。（2）从外观合格的砌块中，随机抽取8块，5块进行强度等级检验，3块进行密度等级和相对含水率试验
9	普通混凝土小型砌块	32	32	/	5/10	/	3	/	同一一种原材料配制成的同规格、龄期、强度等级和生产工艺的砌块，以不超过3万块为一批。

表 12-34　　普通混凝土小型砌块检验规则

序号	常规检验项目及抽样数量（块）				组批原则及抽样规定
	外观质量	尺寸偏差	外壁和肋厚	强度等级	
1	32	32	$(H/B)\geqslant 0.6$		（1）以用同一种原材料制成的相同规格、龄期、强度等级和相同生产工艺的500m³且不超过3万块砌块为一批，每周生产的砌块数不足500m³且不超过3万块砌块按一批计。（2）每批随机抽取32块进行尺寸偏差和外观质量检验；再从检验合格的砌块中，随机抽取试件，进行外壁和肋厚、强度等级试验
			3	5	
			$(H/B)\leqslant 0.6$		
			3	10	

注：H/B（高宽比）是指试样在实际使用状态下的承压高度（H）与最小水平尺寸（B）之比。

2. 砌石检验规则

根据《水利水电工程单元工程施工质量验收评定标准——土石方工程》(SL 631—2012)的规定,砌石工程石料质量应按石料的各类及其料场料源情况进行抽检,根据料场料源及其用量,通常应在现场抽验 1～3 组,且每一料场料源至少抽验 1 组。

第十三章

塑 料 管 材

第一节 概　述

塑料管材(Plastic pipeline)是以聚氯乙烯或聚丙烯树脂为主要原料,加入必要的添加剂,采用挤出成型工艺或挤出缠绕成型工艺等制成的,是用于给排水工程的管道统称。塑料管材是高科技复合而成的化学建材,而化学建材是继钢材、木材、水泥之后,当代新兴的第四大类新型建筑材料。因具有水流损失小、节能、节材、保护生态、竣工便捷等优点,广泛应用于建筑给排水、城镇给排水以及水利工程等领域。

水利工程中主要采用如下管材:给水用聚乙烯(PE)管材(GB/T 13663 —2000)、建筑排水用硬聚氯乙烯(PVC-U)管材(GB/T 5836.1—2006)、无压埋地排污、排水用(PVC-U)管材(GB/T 20221—2006)、埋地排水用 PVC-U 双壁波纹管材(GB/T 18477.1—2007)。

第二节　主要性能指标

塑料管材的技术要求见表 13-1～表 13-6。

表 13-1　　　　　　　　排水管材的技术要求

项　目	技　术　要　求
颜色	管材一般灰色,其他颜色可由供需双方协商确定
外观	管材内外壁应光滑、平整,不允许有气泡、裂口和明显的痕纹、凹陷、色泽不均匀及分解变色线。管材两端面应切割平整并与轴线垂直

项 目		技术要求
尺寸规格	平均外径、壁厚	公称外径 32mm 至 315mm 共 11 种规格,平均外径和壁厚应符合 GB/T 5836.1—2006 表 1 规定
	长度	一般为 4m 或 6m,其他长度由供需双方协商确定,管材长度不允许有负偏差
	不圆度	应不大于 0.024dn,不圆度测定应在管材出厂前进行
	弯曲度	应不大于 0.50%
	承口尺寸	应符合 GB/T 5836.1—2006 表 2、表 3 的规定
物理力学性能	密度/(kg/m³)	1350～1550
	维卡软化温度(VST)/℃	≥79
	纵向回缩率	≤5%
	二氯甲烷浸渍试验	表面变化不劣于 4L
	拉伸屈服强度/MPa	≥40
	落锤冲击试验 TIR	≤10%
系统适用性	水密性	无渗漏
	气密性	无渗漏

表 13-2   **排水管件的技术要求**

项 目		技术要求
颜色		一般灰色和白色,其他颜色可供需双方协商确定
外观		管材内外壁应光滑、平整,不允许有气泡、裂口和明显的痕纹、凹陷、色泽不均匀及分解变色线。管件应完整无缺损,浇口及溢边应修除平整
尺寸规格	壁厚	符合 GB/T 5836.2—2006 中 6.3.1 有关规定
	承口直径和长度	符合 GB/T 5836.2—2006 中 6.3.2 有关规定
	基本类型及安装长度	符合 GB/T 5836.2—2006 中附录 A 有关规定
物理力学性能	密度/(kg/m³)	1350～1550
	维卡软化温度(VST)/℃	≥74

项 目		技术要求
物理力学性能	烘箱试验	符合 GB/T 8803—2001 的规定
	二氯甲烷浸渍试验	表面变化不劣于 4L
	坠落试验	无破裂
系统适用性	水密性	无渗漏
	气密性	无渗漏

表 13-3　　　　　PVC-U 给水管材产品指标

项 目	技术要求
颜色外观	内外表面应光滑、无明显划痕、凹陷、可见杂质和其他影响达到本部分要求的表面缺陷。管材断面应切割平整并与轴线垂直,颜色可由供需双方协商,色泽应均匀一致
不透光性	不透光
管材尺寸	长度、弯曲度、平均外径及偏差和不圆度、壁厚、承口、插口
密度/(kg/m³)	1350～1550
维卡软化温度/℃	≥80
纵向回缩率	≤5%
二氯甲烷浸渍试验	表面变化不劣于 4N
落锤冲击试验(0℃)TIR	≤5%

	温度/℃	环应力/MPa	时间/h	公称外径/mm	
液压试验	20	36	1	<40	无破裂、无渗漏
	20	38	1	≥40	
	20	30	100	所有	
	60	10	100	所有	
系统适用性试验					无破裂、无渗漏

表 13-4　　　**PP-R 给水管材产品指标**

项　目	技术要求
颜色外观	内外表面应光滑、无明显划痕、凹陷、气泡和其他影响达到本部分要求的表面缺陷。管材不应含有可见杂质。管材断面应切割平整并与轴线垂直，一般为灰色，颜色可由供需双方协商
不透光性	不透光
管材尺寸	平均外径、壁厚、长度
纵向回缩率	≤2%(135℃)
简支梁冲击试验	破坏率＜试样的 10%(0℃)
落锤冲击试验(0℃)TIR	≤5%

静液压试验	温度/℃	压力/MPa	时间/h	试验数量	无破裂、无渗漏
	20	16.0	1		
	95	4.2	22	3	
	95	3.8	165		
	95	3.5	100		

项目	技术要求
熔体质量流动速率，MFC (230℃/2.16kg)/(g/10min)	无破裂、无渗漏

静压状态下热稳态定性试验				无破裂、无渗漏
温度/℃	液压压力/MPa	时间/h	试样数量	
110	1.9	8760	1	

项目	技术要求
卫生性能	符合 GB/T 17219
系统适用性试验	管材和管件连接后应通过内压和热循环二项组合试验无破裂、无渗漏

表 13-5　　　　　　　**PE80 给水管材产品指标**

项　目	技术要求
颜色	市政饮用水管材颜色为蓝色或黑色,黑色管上应有共挤出蓝色色条。色条沿管材纵向至少有三条。暴露在阳光下的敷设管道必须是黑色
不透光性	内外表面应清洁、光滑、不允许有气泡、明显的划伤、凹痕、杂质、颜色不均等缺陷。管端头应切割平整并与轴线垂直
管材尺寸	平均外径、壁厚、长度
纵向回缩率	≤3%(110℃)
断裂伸长率	≥350%
氧化诱导时间(200℃)/min	≥20
落锤冲击试验(0℃)TIR	≤5%
卫生性能	符合 GB/T 17219

静液压试验	温度/℃	环向应力/MPa	时间/h	
	20	9.0	100	无破裂、无渗漏
	80	4.6	165	
	80	4.0	1000	

表 13-6　　　　　　　**给水管件的产品指标**

产品名称	项　目	技术要求
PVC-U	外观	内外表面应光滑,不允许有脱层、明显气泡
	注塑成型管件尺寸	壁厚、插口平均外径、承口中部平均外径等
	管材弯制成型管件	弯制成型管件承口尺寸应符合 GB/T 10002.1 对承口尺寸的要求

产品名称	项目					技术要求
PVC-U	维卡软化温度/℃					≥74℃
	烘箱试验					符合 GB/T 8803—2001
	坠落试验					无破裂
	液压试验	温度/℃	试验压力/MPa	时间/h	公称外径/mm	无破裂、无渗漏
		20	4.2×PN	1	≤90	
		20	3.2×PN	1000		
		20	3.36×PN	1	>90	
		60	2.56×PN	1000		
	卫生性能					卫生性能和氯乙烯单体含量要求
	系统适用性试验					无破裂、无渗漏
冷热水用聚丙烯（PP-R）	外观、颜色					管件表面应光滑、平整,不允许有裂纹、气泡、脱皮和明显的杂质、严重的缩形以及色泽不均、分解变色等缺陷。颜色由供需双方协商确定
	不透光性					不透光。同一生产厂家生产的相同原料的管材,且已做过不透光性试验的,则可不做
	规格尺寸					承口、壁厚等
	静液压试验	管系列	温度/℃	试验压力/MPa	时间/h	无破裂、无渗漏
		S5	20	3.11	1	
		S2	20	7.51		
		S5	95	0.68	1000	
		S2	95	1.64		

产品名称	项　目				技术要求
冷热水用聚丙烯（PP-R）	熔体质量流动速率，MFC（230℃/2.16kg）/(g/10min)				变化率≤原料的30%
	静液压状态下热稳态定性试验				无破裂、无渗漏
	温度/℃	液压压力/MPa	时间/h	试样数量	
	110	1.9	8760	1	
	卫生性能				
给水用聚乙烯	颜色				管件聚乙烯部分的颜色为蓝色，蓝色聚乙烯管件应避免紫外光线直接照射
	外观				内外表面应清洁、光滑，不允许有缩孔（坑）、明显的划伤、杂质、颜色不均和其他表面缺陷
	规格尺寸				壁厚、插入深度、不圆度等
	力学性能				无破裂、无渗漏
	静液压试验	温度/℃	环应力/MPa	时间/h	公称外径/mm	
		20	10.0	100	3	
		80	4.5	165		
		80	4.0	1000		
	物理机械性能				见产品标准表11
	机械连接接头力学性能				见产品标准表12
	卫生性能				符合 GB/T 17219

第三节　检验依据及取样规则

一、检验规则

检验规则分为出厂检验和型式检验,主要检验依据如下:

《塑料试样状态调节和试验的标准环境》(GB/T 2918—1998);

《建筑排水用硬聚氯乙烯（PVC-U）管材》(GB/T 5836.1—2006);

《建筑排水用硬聚氯乙烯（PVC-U）管件》(GB/T 5836.2—2006);

《塑料管道系统　塑料部件尺寸的测定》(GB/T 8806—2008);

《硬质塑料管材弯曲度测量方法》(QB/T 2803—2006);

《热塑性塑料管材　拉伸性能测定　第1部分:试验方法总则》(GB/T 8804.1—2003);

《热塑性塑料管材　拉伸性能测定　第2部分:硬聚氯乙烯(PVC-U)、氯化聚氯乙烯(PVC-C)和高抗冲聚氯乙烯(PVC-HI)管材》(GB/T 8804.2—2003);

《热塑性塑料管材纵向回缩率的测定》(GB/T 6671—2001);

《热塑性塑料管材、管件 维卡软化温度的测定》(GB/T 8802—2001);

《热塑性塑料管材耐外冲击性能　试验方法 时针旋转法》(GB/T 14152—2001);

《硬聚氯乙烯（PVC-U）管件坠落试验方法》(GB/T 8801—2007);

《注射成型硬质聚氯乙烯（PVC-U）、氯化聚氯乙烯(PVC-C)、丙烯腈-丁二烯-苯乙烯三元共聚物（ABS）和丙烯腈-苯乙烯-丙烯酸盐三元共聚物（ASA）管件　热烘箱试验方

法》(GB/T 8803—2001);

《硬聚氯乙烯(PVC-U)管材　二氯甲烷浸渍试验方法》(GB/T 13526—2007);

《冷热水用聚丙烯管道系统》(GB/T 18742—2002);

《给水用聚乙烯(PE)管材》(GB/T 13663—2000);

《给水用聚乙烯(PE)管道系统 第2部分:管件》(GB/T 13663.2—2005);

《给水用硬聚氯乙烯(PVC-U)管材》(GB/T 10002.1—2006);

《给水用硬聚氯乙烯(PVC-U)管件》(GB/T 10002.2—2003);

《流体输送用热塑性塑料管材耐内压试验方法》(GB/T 6111—2003);

《热塑性塑料管材纵向回缩率的测定》(GB/T 6671—2001);

《流体输送用热塑性塑料管材　简支梁冲击试验方法》(GB/T 18743—2002)。

二、取样规则

1. 排水管材(件)

(1) 建筑排水用硬聚氯乙烯(PVC-U)管材以同一原料配方、同一工艺和同一规格连续生产的管材为一批,每批数量不超过 50t,如果生产 7d 尚不足 50t,则以 7d 产量为一批。

(2) 建筑排水用硬聚氯乙烯(PVC-U)管件以同一原料、配方和工艺生产的同一规格管件为一批,当 dn(公称外径)小于 75mm 时,每批数量不超过 10000 件,当 dn(公称直径)不小于 75mm 时,每批数量不超过 5000 件。如果生产 7d 仍不足一批,则以 7d 产量为一批。

(3) 对管材(件)的外观、颜色、规格尺寸取样数量按表 13-7 进行:

表 13-7　管材、管件计数检验项目样本大小与判定

批量范围 N	样本数量 n	判　定
≤150	8	不合格数量≤1 判定为合格,否则判定为不合格
151～280	13	不合格数量≤2 判定为合格,否则判定为不合格
281～500	20	不合格数量≤3 判定为合格,否则判定为不合格
501～1200	32	不合格数量≤5 判定为合格,否则判定为不合格
1201～3200	50	不合格数量≤7 判定为合格,否则判定为不合格
3201～10000	80	不合格数量≤10 判定为合格,否则判定为不合格

（4）排水用硬聚氯乙烯（PVC-U）管材和管件其他指标检验取样按表 13-8 进行：

表 13-8　建筑排水用硬聚氯乙烯（PVC-U）管材和管件样品数量

项　目	样品数量
二氯甲烷浸渍试验	1 件
拉伸屈服强度	$d_n<75mm$:样条数 3 个;$75mm≤d_n<450mm$:样条数 5 个
纵向回缩率	3 个
维卡软化温度	2 个
落锤冲击试验	视管径和试样破坏情况定
坠落试验	5 个
烘箱试验	3 个
水密性 气密性	管材和/或管件连接包含至少一个弹性密封圈 连接型接头的系统

2. 给水管材（件）

（1）给水用聚氯乙烯管材以相同原料、配方和工艺生产的同一规格的管材作为一批。当 $d_n≤63mm$ 时,每批数量不超过 50t;当 $d_n>63mm$ 时,每批数量不超过 100t。

（2）冷热水用聚氯丙烯管道以相同原料、配方和工艺生产的同一规格的管材作为一批。

（3）给水用聚乙烯管材以相同原料、配方和工艺连续生产的同一规格的管材作为一批,每批数量不超过 100t。

（4）给水用聚氯乙烯管件以相同原料、配方和工艺生产的同一规格的管件作为一批。当 $d_n \leqslant 32\text{mm}$ 时,每批数量不超过 2 万个;当 $d_n > 32\text{mm}$ 时,每批数量不超过 5000 个。

（5）冷热水用聚丙烯管件以同一原料和工艺连续生产的同一规格个管件作为一批。当 $d_n \leqslant 32\text{mm}$ 时,每批数量不超过 1 万件;当 $d_n > 32\text{mm}$ 时,每批不超过 5000 件。

（6）给水用聚乙烯管件以同一混配料、设备和工艺连续生产的同一规格的管件作为一批,每批数量不超过 5000 件。

第十四章

土工合成材料

第一节 概　述

　　土工合成材料是指土木工程中与岩土或其他材料接触，以合成材料为主要原材料制成的各种产品的统称，以区别于土木工程中传统的"天然材料"，可分为土工织物、土工膜、土工复合材料和土工特种材料四类。

　　土工织物是指具有透水性的片状土工合成材料，又称为"土工布"，通常又分为有纺（织造）织物和无纺（非织造）织物。有纺土工织物由两组平行的呈正交或斜交的经线和纬线交织而成，而无纺土工织物是把纤维作定向的或随意的排列，再经过针刺或热黏等方法加工而成。

　　土工膜是指由高分子材料或沥青为原材料制成的相对不透水膜状土工合成材料，常见的有聚乙烯土工膜（PE）、聚氯乙烯土工膜（PVC）、氯化聚乙烯土工膜（CPE）等，土工膜常常也和土工织物复合使用，形成一布一膜、二布一膜或多布多膜，即复合土工膜。

　　土工复合材料是指由两种或两种以上土工合成材料复合形成的材料，如常见的复合土工膜、复合防水排水材料等。

　　土工特种材料是指具有特殊性能的土工合成材料的统称，土工格栅、土工模袋、土工带、土工网、土工网垫等，它们均有特殊的工程性能而不便归入以上三类。

　　土工合成材料广泛应用于水利工程中，归纳其工程作用主要有：

　　（1）隔离作用。如在土石坝填筑中，将多种粒径的细粒土、砂、石料隔离开来,以免材料混杂失去预期的作用,某种意义上其反滤作用也基于隔离作用。

(2)反滤作用。如隔离作用原理,针刺土工织物置于不同粒径的岩土之间,可以有效防止渗水将细小颗粒流失造成破坏。

(3)排水作用。较厚的针刺非织造土工织物或多孔隙的土工复合排水材料在坝体或挡土墙后形成排水通道,从而具有排水作用。

(4)防渗作用。土工膜或复合土工膜等具有良好的防渗性能,常用于坝体迎水面、堤防渠沟等防渗工程,为改善土工膜本身与岩土的衔接问题,多采用表面粗糙处理或使用复合土工膜。另外,土工膜为了避免水压力等顶托作用而破坏,应采取一些措施予以避免。

(5)防护作用。土工织物、土工膜袋、土工格室、三维植被网等土工合成材料及其进一步制成的土袋、土枕、软体排等可用于江河湖护岸、渠道水池护坡、水闸工程护底、岸坡植被等,以抵御水流冲刷或冲蚀,从而保护岸坡稳定。

(6)加筋作用。在土体中铺设一定数量的高拉伸模量的土工织物、土工带、土工格栅等作为筋材,可以提高土体整体的抗拉强度和抗剪强度,因此水利工程中常将土工合成材料应用于土工建筑物软土地基加固、陡边坡或挡土墙。

第二节 主要性能指标

一、短纤针刺非织造土工布

短纤针刺非织造土工布是以短合成纤维为原料经过干法成网针刺加固而形成的一种土工织物,具有隔离、反滤、排水、防护和加筋作用。按照原料的不同可分为涤纶(PET)、丙纶(PP)、维纶(PV)、乙纶(PE)等类型,按结构类型可分为普通型和复合型。

1998年发布的《土工合成材料 短纤针刺非织造土工布》(GB/T 17638—1998)仍在使用单位面积质量和幅宽指标命

名该类材料(其余土工织物多在改版中使用标称断裂强度指标命名),这里不在引述该类命名规则。

短纤针刺非织造土工布的技术要求分为内在质量和外观质量两类评定。

短纤针刺非织造土工布内在质量的选择项目包括动态穿孔、刺破强力、纵横向强力比、拼接强度、平面内水流量、湿筛孔径、摩擦系数、抗紫外线性能、抗酸碱性能、抗氧化性能、抗磨损性能、蠕变性能等。

内在质量的基本项目见表 14-1。

表 14-1　　短纤针刺非织造土工布内在质量评定

序号	项目指标规格	100	150	200	250	300	350	400	450	500	600	800
1	单位面积质量偏差	−8%	−8%	−8%	−8%	−7%	−7%	−7%	−7%	−6%	−6%	−6%
2	厚度 /mm	≥0.9	≥1.3	≥1.7	≥2.1	≥2.4	≥2.7	≥3.0	≥3.3	≥3.6	≥4.1	≥5.0
3	幅宽偏差	−0.5%										
4	断裂强力 /(kN/m)	≥2.4	≥4.5	≥6.5	≥8.0	≥9.5	≥11.0	≥12.5	≥14.0	≥16.0	≥19.0	≥25.0
5	断裂伸长率	25%～100%										
6	CBR顶破强力 /kN	≥0.3	≥0.6	≥0.9	≥1.2	≥1.5	≥1.8	≥2.1	≥2.4	≥2.7	≥3.2	≥4.0
7	等效孔径 $O_{95}(O_{95})$ /mm	0.07～0.2										
8	垂直渗透系数 /(cm/s)	$K×(10^{-1}～10^{-3})$										
9	撕破强力 /kN	≥0.08	≥0.12	≥0.16	≥0.20	≥0.24	≥0.28	≥0.33	≥0.38	≥0.42	≥0.46	≥0.60

短纤针刺非织造土工布的外观质量评定见表14-2。

表14-2　　短纤针刺非织造土工布外观质量评定

序号	疵点名称	轻缺陷	重缺陷	备注
1	布面不均、折痕	轻微	严重	
2	杂物	软质,粗≤5 mm	硬质;软质,粗>5mm	
3	边不良	≤300 cm时,每50cm计一处	>300cm	
4	破损	≤0.5cm	>0.5cm;破洞	以疵点最大长度计
5	其他	参照相似疵点评定		

二、长丝纺粘针刺非织造土工布

长丝纺粘针刺非织造土工布是以聚合物为原料经纺丝、铺网、针刺加固而形成的一种土工织物,相比短纤针刺非织造土工布,该类土工布有更好的拉伸性能。长丝纺粘针刺非织造土工布按照原料的不同可分为涤纶(PET)、丙纶(PP)、锦纶(PA)、乙纶(PE)等类型,按结构类型可分为普通型和复合型。

长丝纺粘针刺非织造土工布以纤维名称、标称断裂强度、幅宽和单位面积质量命名,如产品代号"PET 15-4.5-290"表示该产品为聚酯(即涤纶)长丝纺粘针刺非织造土工布,标称断裂强度为15kN/m,幅宽为4.5m,单位面积质量为290g/m²。

长丝纺粘针刺非织造土工布的技术要求分为内在质量和外观质量两类评定。

长丝纺粘针刺非织造土工布内在质量的选择项目包括动态穿孔、刺破强力、纵横向强力比、拼接强度、平面内水流量、湿筛孔径、摩擦系数、抗紫外线性能、抗酸碱性能、抗氧化性能、抗磨损性能、蠕变性能、定负荷伸长率、定伸长负荷和断裂伸长率等。

内在质量的基本项目见表14-3。

表 14-3

长丝纺粘针刺非织造土工布内在质量评定

项　目		指　标									
		4.5	7.5	10	15	20	25	30	40	50
1	标称断裂强度/(kN/m)									
	纵横向断裂强度/(kN/m)	≥4.5	≥7.5	≥10.0	≥15.0	≥20.0	≥25.0	≥30.0	≥40.0	≥50.0
2	纵横向标准强度对应伸长率					40%~80%				
3	CBR 顶破强力/kN	≥0.8	≥1.6	≥1.9	≥2.9	≥3.9	≥5.3	≥6.4	≥7.9	≥8.5
4	纵横向撕破强力/kN	≥0.14	≥0.21	≥0.28	≥0.42	≥0.56	≥0.7	≥0.82	≥1.1	≥1.25
5	等效孔径 O_{90} (O_{95})/mm					0.05~0.20				
6	垂直渗透系数/(cm/s)				$K \times (10^{-1} \sim 10^{-3})$　其中: $K = 1.0 \sim 9.9$					
7	厚度/mm	0.8	1.2	1.6	2.2	2.8	3.4	4.2	5.5	6.8
8	幅宽偏差					−0.5%				
9	单位面积质量偏差					−5%				

长丝纺粘针刺非织造土工布的外观质量评定见表 14-4。

表 14-4　长丝纺粘针刺非织造土工布外观质量评定

序号	疵点名称	轻缺陷	重缺陷	备注
1	杂物	软质,粗≤5mm	硬质;软质,粗>5mm	
2	边不良	≤300cm 时,每 50cm 计一处	>300cm	
3	破损	≤0.5cm	>0.5cm;破损	以疵点最大长度计
4	其他	参照相似疵点评定		

三、长丝机织土工布

长丝机织土工布是由合成纤维长丝经过织造形成的土工布或模袋布,按照原料的不同可分为涤纶(PET)、丙纶(PP)等类型,按用途可分为模袋布、反滤布和复合用基部。

其命名规则与长丝纺粘针刺非织造土工布类似,如"PP 200-4-750"表示该产品为丙纶长丝机织土工布,标称断裂强度为 200kN/m,幅宽为 4m,单位面积质量为 750g/m²;又如"PA 50-4.5-180"表示该产品为锦纶长丝土工布,标称断裂强度为 50kN/m,幅宽为 4.5m,单位面积质量为 180g/m²。

长丝机织土工布的技术要求分为内在质量和外观质量两类评定。

长丝机织土工布内在质量的选择项目包括动态穿孔、刺破强力、拼接强度、湿筛孔径、摩擦系数、抗紫外线性能、抗酸碱性能、抗氧化性能、抗磨损性能、蠕变性能、定负荷伸长率、定伸长负荷和断裂伸长率等。

内在质量的基本项目见表 14-5。

表 14-5

长丝机织土工布内在质量评定

	项目	指标										
	标称断裂强度/(kN/m)	35	50	65	80	100	120	140	160	180	200	250
1	经向断裂强度/(kN/m)	≥35.0	≥50.0	≥65.0	≥80.0	≥100	≥120	≥140	≥160	≥180	≥200	≥250
2	纬向断裂强度/(kN/m)	按协议规定,无特殊要求时,则按≥经向断裂强度×0.7										
3	标准强度对应伸长率	经向≥35%,纬向≥30%										
4	CBR 顶破强力/kN	≥2.0	≥4.0	≥6.0	≥8.0	≥10.5	≥13.0	≥15.5	≥18.0	≥20.5	≥23.0	≥28.0
5	等效孔径 $O_{90}(O_{95})$/mm	0.05~0.50										
6	垂直渗透系数/(cm/s)	$K \times (10^{-2} \sim 10^{-5})$										
7	幅宽偏差	−1%										
8	模袋冲灌厚度偏差	±8%										
9	模袋长、宽偏差	±2%										
10	缝制强度/(kN/m)	≥标称断裂强度×0.5										
11	经纬向断破强力/kN	≥0.4	≥0.7	≥1.0	≥1.2	≥1.4	≥1.6	≥1.8	≥1.9	≥2.1	≥2.3	≥2.7
12	单位面积质量偏差	−5%										

长丝机织土工布的外观质量评定见表 14-6。

表 14-6　　　　长丝机织土工布外观质量评定

序号	疵点名称	轻缺陷	重缺陷	备　注
1	断纱、缺纱	分散 1～2 根	并列 2 根及以上	
2	杂物	软质,粗≤5mm	硬质;软质,粗>5mm	
3	边不良	≤300cm 时, 每 50cm 计一处	>300cm	
4	破损	≤0.05	>0.5cm,破洞	以疵点最大 长度计
5	稀路	10cm 内少 2 根	10cm 内少 3 根	
6	其他	参照相似疵点评定		

四、裂膜丝机织土工布

裂膜丝机织土工布是聚合物切膜丝(纱)、裂膜丝(纱)为原材料经过织造形成的土工布,按照原料的不同可分为聚丙烯(即丙纶,PP)、聚乙烯(即乙纶,PE)等类型,按纱结构可分为切膜丝(纱)机织土工布、裂膜丝(纱)机织土工布。

按照《土工合成材料 裂膜丝机织土工布》(GB/T 17641—1998)产品代号的规定,使用产品的原材料、经向最低强力、纬向最低强力、单位面积质量和幅宽指标命名该类材料,如"SWG 80 250-4"表示该产品为聚丙烯裂膜丝土工布(SWG 表示裂膜丝机织土工布,当原材料为聚丙烯时,可以省略聚丙烯符号 PP),经向最低强力为 80kN/m(纬向最低强力没有要求),单位面积质量为 $250g/m^2$,幅宽为 4m。

裂膜丝机织土工布的技术要求分为内在质量和外观质量两类评定。

裂膜丝机织土工布内在质量的选择项目包括动态穿孔、刺破强力、拼接强度、湿筛孔径、摩擦系数、抗酸碱性能、抗氧化性能、抗磨损性能、蠕变性能等。

内在质量的基本项目见表 14-7。

表 14-7

裂膜丝机织土工布内在质量评定

序号	项目指标规格	20	30	40	50	60	80	100	120	140	160	180	备注
1	经向断裂强力 /(kN/m)	≥20	≥30	≥40	≥50	≥60	≥80	≥100	≥120	≥140	≥160	≥180	经纬向
2	纬向断裂强力 /(kN/m)	由合同规定,如设有特殊要求,按≥经向强力的 0.7~1.0											
3	断裂伸长率	≤25%											
4	幅宽偏差	-1.0%											
5	CBR 顶破强力/kN	≥1.6	≥2.4	≥3.2	≥4.0	≥4.8	≥6.0	≥7.5	≥9.0	≥10.5	≥12.0	≥13.5	
6	等效孔径 O_{90} (O_{95})/mm	0.07~0.5											
7	垂直渗透系数 /(cm/s)	$K \times (10^{-3} \sim 10^{-4})$											$K=1.0\sim9.9$
8	抗紫外线 (强度保持)	≥70%(500h)											
9	撕破强力/kN	≥0.20	≥0.27	≥0.34	≥0.41	≥0.48	≥0.60	≥0.72	≥0.84	≥0.96	≥1.10	≥1.25	纵横向
10	单位面积质量 /(g/m²)	120	160	200	240	280	340	400	460	520	580	640	

裂膜丝机织土工布的外观质量评定见表 14-8。

表 14-8　　　　　裂膜丝机织土工布外观质量评定

序号	疵点名称	轻缺陷	重缺陷	备注
1	断纱、缺纱	分散 1～2 根	并列 2 根及以上	
2	杂物	软质，粗≤5mm	硬质；软质，粗>5mm	
3	豁边、边不良	≤300cm 时，每 50cm 计一处	>300cm	
4	破损	≤0.05	>0.5cm，破洞	以疵点最大长度计
5	稀路	10cm 内少 2 根	10cm 内少 3 根	
6	其他	参照相似疵点评定		

五、非织造布复合土工膜

非织造布复合土工膜是指以非织造土工布为基材，以聚乙烯或聚氯乙烯为膜材复合而成的土工合成材料，相比普通土工膜，复合土工膜与土体的结合性能更好，不易被大颗粒石子刺破。

非织造布复合土工膜按基材原料的不同可分为短纤针刺非织造布复合土工膜、长丝纺粘针刺非织造布复合土工膜；按膜材原料聚乙烯（乙纶，PE）、聚氯乙烯（PVC）、氯化聚乙烯（CPE）等复合土工膜；按结构类型可分为一布一膜、二部一膜、一布二膜、二布二膜、多布多膜等复合土工膜。

非织造布复合土工膜以基材、膜材、标称断裂强度、非织造布单位面积质量和膜厚命名，如产品代号"SN2/PVC-16-400-0.35"表示该产品为短纤针刺非织造土工布和聚氯乙烯土工膜复合而成的二布一膜，标称断裂强度为 16kN/m，非织造布单位面积质量为 400g/m²，膜厚度 0.35mm。

非织造布复合土工膜的技术要求分为内在质量和外观质量两类评定。

非织造布复合土工膜内在质量的选择项目包括动态穿孔、刺破强力、拼接强度、平面内水流量、摩擦系数、抗紫外线性能、耐酸碱性能、抗氧化性能、抗磨损性能、蠕变性能、定负荷伸长率、定伸长负荷和断裂伸长率等。

内在质量的基本项目见表 14-9(1)、表 14-9(2)。

表 14-9(1)　非织造布复合土工膜内在质量评定

项　目		指　标							
标称断裂强度 /(kN/m)		5	7.5	10	12	14	16	18	20
1	纵横向断裂强度 /(kN/m)	≥5.0	≥7.5	≥10.0	≥12.0	≥14.0	≥16.0	≥18.0	≥20.0
2	纵横向标准强度对应伸长率	30%～100%							
3	CBR 顶破强力/kN	≥0.8	≥1.6	≥1.9	≥2.9	≥3.9	≥5.3	≥6.4	≥7.9
4	纵横向撕破强力 /kN	≥0.14	≥0.21	≥0.28	≥0.42	≥0.56	≥0.70	≥0.82	≥1.10
5	耐静水压 /MPa	见表 14-9(2)							
6	剥离强度 /(N/cm)	≥6							
7	垂直渗透系数 /(cm/s)	按设计或合同要求							
8	幅宽偏差	−1%							

表 14-9(2)　非织造布复合土工膜耐静水压性能评定

项　目		膜厚度/mm							
		0.2	0.3	0.4	0.5	0.6	0.7	0.8	1.0
耐静水压/MPa ≥	一布二膜	0.4	0.5	0.6	0.8	1.0	1.2	1.4	1.6
	二布一膜	0.5	0.6	0.8	1.0	1.2	1.4	1.6	1.8

非织造布复合土工膜的外观质量评定见表 14-10。

表 14-10　　　　非织造布复合土工膜外观质量评定

序号	疵点名称	轻缺陷	重缺陷	备注
1	分成、折痕	明显	严重	
2	杂物	软质、粗≤5mm	硬质；软质、粗＞5mm	
3	边不良	≤300cm 时，每 50cm 计一处	＞300cm	
4	修补点	≤2cm	＞2cm；破洞	以疵点最大长度计
5	其他	参照相似疵点评定		

六、聚乙烯土工膜

聚乙烯土工膜是指以聚乙烯树脂、乙烯共聚物为原料，通过加入各种添加剂而制成的土工膜，产品通常分为普通高密度聚乙烯土工膜（GH-1）、环保用光面高密度聚乙烯土工膜（GH-2S）、环保用单糙面高密度聚乙烯土工膜（GH-2T1）、环保用双糙面高密度聚乙烯土工膜（GH-2T2）、低密度聚乙烯土工膜（GL-1）、环保用线形低密度聚乙烯土工膜（GL-2）共 6 类。

如产品代号"GH-2S 6000/1.25 GB/T 17643—2011"表示该产品为环保用光面高密度聚乙烯土工膜，幅宽为6000mm，膜厚度 1.25mm，适合《土工合成材料　聚乙烯土工膜》（GB/T 17643—2011）标准评定。

聚乙烯土工膜的技术要求分为三个方面：

规格尺寸要求包括长度及偏差、宽度及偏差、厚度及偏差，其中厚度要求见表 14-11（1）、表 14-11（2）。

表 14-11（1）　　聚乙烯土工膜（CH1、CL-1、CL-2 型）厚度及偏差

项　目	指　标								
公称厚度/mm	0.30	0.50	0.75	1.00	1.25	1.50	2.00	2.50	3.00
平均厚度/mm	≥0.30	≥0.50	≥0.75	≥1.00	≥1.25	≥1.50	≥2.00	≥2.50	≥3.00
厚度极限偏差	−10%								

表 14-11（2）　　聚乙烯土工膜环保用高密度聚乙烯土

工膜（CH-2）厚度及偏差

	项　目		指　标						
光面	公称厚度/mm	0.75	1.00	1.25	1.50	2.00	2.50	3.00
	平均厚度/mm	≥0.75	≥1.00	≥1.25	≥1.50	≥2.00	≥2.50	≥3.00
	厚度极限偏差	—10%						
糙面	公称厚度/mm	0.75	1.00	1.25	1.50	2.00	2.50	3.00
	平均厚度	≥—5%						
	厚度极限偏差 （10 个中的 8 个）	—10%						
	厚度极限偏差 （10 个中的任意一个）	—15%						

　　内在质量要求包括拉伸屈服强度、拉伸断裂强度、屈服拉伸率、断裂拉伸率、直角撕裂负荷、抗穿刺强度、炭黑含量、炭黑分散性、常压氧化诱导时间、低温冲击脆化性能、水蒸气渗透系数、尺寸稳定性等，见表 14-12(1)～表 14-12(5)。

表 14-12（1）　　聚乙烯土工膜普通高密度聚乙烯土工膜

（CH-1 型）内在质量评定

序号	项　目		指　标								
	厚度/mm	0.30	0.50	0.75	1.00	1.25	1.50	2.00	2.50	3.00
1	密度 /(g/cm³)	≥0.940								
2	拉伸屈服强度(纵、横向) /(N/mm)	≥4	≥7	≥10	≥13	≥16	≥20	≥26	≥33	≥40
3	拉伸断裂强度(纵、横向) /(N/mm)	≥6	≥10	≥15	≥20	≥25	≥30	≥40	≥50	≥60
4	屈服伸长率 (纵、横向)	——	——	——	≥11%					
5	断裂伸长率 (纵、横向)	≥600%								
6	直角撕裂负荷 (纵、横向)/N	≥34	≥56	≥84	≥115	≥140	≥170	≥225	≥280	≥340

序号	项 目	指 标								
	厚度/mm	0.30	0.50	0.75	1.00	1.25	1.50	2.00	2.50	3.00
7	抗穿刺强度/N	≥72	≥120	≥180	≥240	≥300	≥360	≥480	≥600	≥720
8	炭黑含量	2.0%~3.0%								
9	炭黑分散性	10个数据中3级不多于1个,4级、5级不允许								
10	常压氧化诱导时间(OIT)/min	≥60								
11	低温冲击脆化性能	通过								
12	水蒸气渗透系数/[g·cm/(cm²·s·Pa)]	≤1.0×10⁻¹³								
13	尺寸稳定性	±2.0%								

表 14-12(2) 聚乙烯土工膜环保用光面高密度聚乙烯土工膜(CH-2S 型)内在质量评定

序号	项 目	指 标						
	厚度/mm	0.75	1.00	1.25	1.50	2.00	2.50	3.00
1	密度/(g/cm³)	≥0.940						
2	拉伸屈服强度(纵、横向)/(N/mm)	≥11	≥15	≥18	≥22	≥29	≥37	≥4
3	拉伸断裂强度(纵、横向)/(N/mm)	≥20	≥27	≥33	≥40	≥53	≥67	≥80
4	屈服伸长率(纵、横向)	≥12%						
5	断裂伸长率(纵、横向)	≥700%						
6	直角撕裂负荷(纵、横向)/N	≥93	≥125	≥160	≥190	≥250	≥315	≥375
7	抗穿刺强度/N	≥240	≥320	≥400	≥480	≥640	≥800	≥960

序号	项目	指标						
	厚度/mm	0.75	1.00	1.25	1.50	2.00	2.50	3.00
8	拉伸负荷应力开裂（切口恒截拉伸法）/h	----	≥300					
9	炭黑含量	2.0%～3.0%						
10	炭黑分散性	10 个数据中 3 级不多于 1 个，4 级、5 级不允许						
11	氧化诱导时间（OIT）/min	常压氧化诱导时间≥100						
		高压氧化诱导时间≥400						
12	85℃热老化（90d 后常压 OIT 保留率）	≥35%						
13	抗紫外线（紫外线照射 1600h 后 OIT 保留率）	≥35%						

表 14-12(3)　聚乙烯土工膜环保用糙面高密度聚乙烯土工膜（CH-2T1、CH-2T2 型）内在质量评定

序号	项目	指标						
	厚度/mm	0.75	1.00	1.25	1.50	2.00	2.50	3.00
1	密度/(g/cm³)	≥0.940						
2	毛糙高度/mm	≥0.25						
3	拉伸屈服强度（纵、横向）/(N/mm)	≥11	≥15	≥18	≥22	≥29	≥37	≥44
4	拉伸断裂强度（纵、横向）/(N/mm)	≥8	≥10	≥18	≥16	≥21	≥26	≥32
5	屈服伸长率（纵、横向）	≥12%						
6	断裂伸长率（纵、横向）	≥100%						
7	直角撕裂负荷（纵、横向）/N	≥93	≥125	≥160	≥190	≥250	≥315	≥375
8	抗穿刺强度/N	≥200	≥270	≥335	≥400	≥535	≥670	≥800

序号	项目	指标						
	厚度/mm	0.75	1.00	1.25	1.50	2.00	2.50	3.00
9	拉伸负荷应力开裂（切口恒截拉伸法）/h	≥300						
10	炭黑含量	2.0%～3.0%						
11	炭黑分散性	10 个数据中 3 级不多于 1 个，4 级、5 级不允许						
12	氧化诱导时间（OIT）/min	常压氧化诱导时间≥100						
		高压氧化诱导时间≥400						
13	85℃热老化（90d 后常压 OIT 保留率）	≥55%						
14	抗紫外线（紫外线照射 1600h 后 OIT 保留率）	≥50%						

表 14-12（4） 聚乙烯土工膜低密度聚乙烯土工膜（CL-1 型）内在质量评定

序号	项目	指标								
	厚度/mm	0.30	0.50	0.75	1.00	1.25	1.50	2.00	2.50	3.00
1	密度/(g/cm³)	≥0.939								
2	拉伸断裂强度（纵、横向）/(N/mm)	≥6	≥9	≥14	≥19	≥23	≥28	≥37	≥47	≥56
3	断裂伸长率（纵、横向）	≥560%								
4	直角撕裂负荷（纵、横向）/N	≥27	≥45	≥63	≥90	≥108	≥135	≥180	≥225	≥270
5	抗穿刺强度/N	≥52	≥84	≥135	≥175	≥220	≥260	≥350	≥435	≥525
6	炭黑含量	2.0%～3.0%								
7	炭黑分散性	10 个数据中 3 级不多于 1 个，4 级、5 级不允许								
8	常压氧化诱导时间(OIT)/min	≥60								
9	低温冲击脆化性能	通过								

序号	项目	指标								
	厚度/mm	0.30	0.50	0.75	1.00	1.25	1.50	2.00	2.50	3.00
10	水蒸气渗透系数/[g·cm/(cm²·s·Pa)]	≤1.0×10⁻¹³								
11	尺寸稳定性	±2.0%								

**表 14-12(5)　聚乙烯土工膜环保用线性低密度聚乙烯土工膜
(CL-2 型)内在质量评定**

序号	项目	指标							
	厚度/mm	0.50	0.75	1.00	1.25	1.50	2.00	2.50	3.00
1	密度/(g/cm³)	≥0.939							
2	拉伸断裂强度(纵、横向)/(N/mm)	≥13	≥20	≥27	≥33	≥40	≥53	≥66	≥80
3	断裂伸长率(纵、横向)	≥800%							
4	2%正割模量/(N/mm)	≤210	≤370	≤420	≤520	≤630	≤840	≤1050	≤1260
5	直角撕裂负荷(纵、横向)/N	≥50	≥70	≥100	≥120	≥150	≥200	≥250	≥300
6	抗穿刺强度/N	≥120	≥190	≥250	≥310	≥370	≥500	≥620	≥750
7	炭黑含量	2.0%～3.0%							
8	炭黑分散性	10 个数据中 3 级不多于 1 个,4 级、5 级不允许							
9	氧化诱导时间(OIT)/min	常压氧化诱导时间≥100							
		高压氧化诱导时间≥400							
10	85℃热老化(90d 后常压 OIT 保留率)	≥35%							
11	抗紫外线(紫外线照 1600h 后 OIT 保留率)	≥35%							

外观质量要求见表 14-13。

表 14-13　　　　聚乙烯土工膜外观质量评定

序号	项　目	要　求
1	切口	平直,无明显锯齿现象
2	断头、裂纹、分层、穿孔修复点	不允许
3	水纹和机械划痕	不明显
4	晶点、僵块和杂质	$0.6\sim2.0$mm,每 m² 限于 10 个以内。大于 2.0mm 的不允许
5	气泡	不允许
6	糙面膜外观	均匀,不应有结块、缺损等现象

七、塑料土工格栅

塑料土工格栅以高密度聚乙烯或聚丙烯为主要原料,经塑化挤出、冲孔、拉伸而成的平面网状结构的土工合成材料,具有良好是拉伸强度,因而主要用于加筋处理工程。根据拉伸性能的维数,塑料土工格栅可分为单向拉伸塑料格栅、双向拉伸塑料格栅。

塑料土工格栅的技术要求主要分为尺寸偏差、外观质量、炭黑含量和拉伸性能四项。其中,尺寸偏差不应有负偏差;外观色泽均匀、无损伤、无破损、网眼大小均匀;炭黑含量不低于 2.0%。

拉伸性能依据不同的土工格栅类型,质量要求见表 14-14、表 14-15、表 14-16。

表 14-14　　塑料土工格栅高密度聚乙烯单拉塑料格栅质量要求

产品规格	纵/横拉伸强度 /(kN/m)	纵/横 2%伸长率时的拉伸强度 /(kN/m)	纵/横 5%伸长率时的拉伸强度 /(kN/m)	纵/横标称伸长率
TGDG35	≥35.0	≥7.5	≥21.5	
TGDG50	≥50.0	≥12.0	≥23.0	
TGDG80	≥80.0	≥21.0	≥40.0	≤11.5%
TGDG120	≥120.0	≥33.0	≥65.0	
TGDG160	≥160.0	≥47.0	≥93.0	

表 14-15　塑料土工格栅聚丙烯单拉塑料格栅质量要求

产品规格	纵/横拉伸强度 /(kN/m)	纵/横 2%伸长率时的拉伸强度 /(kN/m)	纵/横 5%伸长率时的拉伸强度 /(kN/m)	纵/横标称伸长率
TGDG35	≥35.0	≥10.0	≥22.0	
TGDG50	≥50.0	≥12.0	≥28.0	
TGDG80	≥80.0	≥25.0	≥48.0	≤10.0%
TGDG120	≥120.0	≥36.0	≥72.0	
TGDG160	≥160.0	≥45.0	≥93.0	
TGDG200	≥200.0	≥56.0	≥112.0	

表 14-16　塑料土工格栅聚丙烯双拉塑料格栅质量要求

产品规格	纵/横拉伸强度 /(kN/m)	纵/横 2%伸长率时的拉伸强度 /(kN/m)	纵/横 5%伸长率时的拉伸强度 /(kN/m)	纵/横标称伸长率
TGSG1515	≥15.0	≥6.0	≥7.0	
TGSG2020	≥20.0	≥7.0	≥14.0	
TGSG2525	≥25.0	≥9.0	≥17.0	
TGSG3030	≥30.0	≥10.5	≥21.0	≤15.0%
TGSG3535	≥36.0	≥12.0	≥24.0	~13.0%
TGSG4040	≥40.0	≥14.0	≥28.0	
TGSG4545	≥45.0	≥16.0	≥32.0	
TGSG5050	≥50.0	≥17.5	≥35.0	

八、塑料扁丝编织土工布

塑料扁丝编织土工布是由聚丙烯(PP)、聚乙烯(PE)为主要原料,经过挤出、切膜、拉伸制成扁丝后编织而成的土工布。

按照《土工合成材料 塑料扁丝编织土工布》(GB/T 17690—1999)产品代号的规定,塑料扁丝编织土工布使用产品的原材料、经向断裂强力、纬向断裂强力和幅宽指标命名,如"GFW PP50-35/3.8　GB/T 17690—1999"表示该产品为聚丙烯扁丝编织土工布,经向最低强力为50kN/m,纬向最低强力为 35kN/m，幅宽为 4m，适合 GB/T 17690—1999 标准评定。

塑料扁丝编织土工布的技术要求分为内在质量和外观质量评定，技术要求见表 14-17、表 14-18。

表 14-17　　　塑料扁丝编织土工布内在质量评定

项　目	指　标						
	20～15	30～22	40～28	50～35	60～42	80～56	100～70
经向断裂强力 /(kN/m)	≥20	≥30	≥40	≥50	≥60	≥80	≥100
纬向断裂强力 /(kN/m)	≥15	≥22	≥28	≥35	≥42	≥56	≥70
经纬向断裂伸长率	≤28%						
梯形撕破强力 （纵向）/kN	≥0.3	≥0.45	≥0.5	≥0.6	≥0.75	≥1	≥1.2
顶破强力/kN	≥1.6	≥2.4	≥3.2	≥4.0	≥4.8	≥6.0	≥7.5

表 14-18　　　塑料扁丝编织土工布外观质量评定

序号	项　目	要　求
1	经、纬密度偏差	在 100mm 内与公称密度相比不允许 2 根以上
2	断丝	在同一处不允许有 2 根以上的断丝，同一处断丝 2 根以内（包括 2 根），100m² 内部超过 6 处
3	蛛网	不允许有大于 50mm² 的蛛网，100m² 内不超过 3 个
4	布边不良	整卷不允许连续出现长度大于 2000mm 的毛边、散边

第三节　检验依据及取样规则

一、检验依据

土工合成材料种类繁多、性能不一，以下为水利工程中常用的土工合成材料规范：

《水利水电工程土工合成材料应用技术规范》（SL/T 225—1998）；

《土工合成材料应用技术规范》（GB/T 50290—2014）；

《土工合成材料 短纤针刺非织造土工布》（GB/T 17638—1998）；

《土工合成材料 长丝纺粘针刺非织造土工布》（GB/T 17639—2008）；

《土工合成材料 长丝机织土工布》（GB/T 17640—2008）；

《土工合成材料 裂膜丝机织土工布》（GB/T 17641—1998）；

《土工合成材料 非织造布复合土工膜》（GB/T 17642—2008）；

《土工合成材料 聚乙烯土工膜》（GB/T 17643—2011）；

《土工合成材料 塑料土工格栅》（GB/T 17689—2008）；

《土工合成材料 塑料扁丝编织土工布》（GB/T 17690—1999）；

《土工合成材料 取样和试样制备》（GB/T 13760—2009）；

《纺织品 织物长度和幅宽的测定》（GB/T 4666—2009）；

《土工合成材料 规定压力下厚度的测定 第1部分:单层产品厚度的测定方法》（GB/T 13761.1—2009）；

《土工布 多层产品中单层厚度的测定》（GB/T 17598—1998）；

《土工合成材料 土工布及土工布有关产品单位面积质量的测定方法》（GB/T 13762—2009）；

《土工合成材料 梯形法撕破强力的测定》（GB/T 13763—2010）；

《土工布及其有关产品 有效孔径的测定 干筛法》（GB/T 14799—2005）；

《土工合成材料 静态顶破试验（CBR法）》（GB/T 14800—2010）；

《土工布及其有关产品 宽条拉伸试验》(GB/T 15788—2005);

《土工布及其有关产品 无负荷时垂直渗透特性的测定》(GB/T 15789—2016);

《聚乙烯管材和管件炭黑含量的测定(热失重法)》(GB 13021—91)。

二、取样与制样

土工合成材料种类繁多,评定所检测的项目和数量也不尽相同,因此其取样和制样要视材料种类和检测项目而定。

一般来说,在取样时,对于卷装材料要保证取样位置远离卷头,在 GB/T 13760—2009 中要求"卷装的头两层不应该取做样品";另外取样要在整个宽度方向裁取样品,样品的长度(生产时的卷装方向)要足够制取试验样品;所取样品要存放在干燥、避光及防止受到机械损伤或污染的存样室。

在制样时,通常要注意以下几项:

(1)制样前后要确保样品的物理状态没有发生变化,特别是一些土工织物,其物理性质受温度和湿度的影响较大,要做调压调温调湿静置处理后再行制样;又如黏土防渗土工膜要保持一定的含水量。

(2)试验所裁取的试样应均匀地在长度和宽度方向上分布,距离样品的边缘有一定的距离。

(3)对于试验方向有要求的试样,还应在裁取前标注正确的方向(长度方向为纵向,宽度方向为横向)。

(4)所裁取的试样应尽可能避开不具有代表性的污垢、折痕、空洞或其他明显缺陷。

三、检验指标

1. 幅宽

依据 GB/T 4666—2009,幅宽采用精度为 1mm 的钢尺测量,具体操作中要注意调节湿度,让样品出于松弛状态,采用不少于 5 处值的平均值作为结果。

2. 厚度

由于土工合成材料,特别是土工织物的松软性,其厚度测量特别规定了相应的压力标准,按照 GB/T 13761.1—2009 的规定,对于厚度均匀的高聚物、沥青防渗土工膜,规定其厚度为 20kPa 压力下的厚度;对于厚度均匀的土工织物等土工合成材料,规定其厚度为 2kPa 压力下的厚度;对于厚度不均匀的高聚物、沥青防渗土工膜,规定其厚度为 0.6kN 压力下的厚度。

在具体测试中,一般选用 10 组样品,测出每个样品在 2kPa、20kPa、200kPa 下的厚度,并将相同压力下的 10 组检测值的平均值作为结果,检验报告中还可以给出厚度-压力曲线或拟合公式。

3. 单位面积质量

单位面积质量测试的原理较为简单,按照 GB/T 13762—2009 规定,一般土工织物、土工膜等裁取面积为 10cm×10cm 的正方形试样,也可以裁取圆形试样;对于网孔较大的土工格栅、土工网等材料,试样裁取要注意其代表性,至少在纵向和横向都包括五个组成单元。用至少 10 块试样的平均值作为试验结果。

4. 撕破强力

撕破强力是在规定条件下,使试样上从初始切口开始撕裂并继续扩展过程中的最大力值,通常采用梯形法进行测定。

根据 GB/T 13763—2010,在试验样品上裁取 75mm×200mm 的矩形试样后,由于将夹持线设置在试验中部的梯形等腰边线,故名梯形法。裁取试件的梯形高为 75mm,长边为 100mm,短边为 25mm,且在短边中心设置长约 15mm 的初始切口。

试验机夹钳夹持在预先设置的夹持线上,试验拉伸速率控制在 50mm/min 左右,直至试样完全撕破,记录撕破过程中的力值,取其最大值为该试验的撕破强力值。

用至少 10 组试样的撕破强力值的平均值作为试验结果。

5. 有效孔径

土工织物具有复杂的孔眼,使用有效孔径这一概念表征其孔眼大小,例如有效孔径 O_{95} 表征筛余率 95% 对应的标准颗粒粒径。

根据 GB/T 14799—2005,用土工织物作为筛布,将已知粒径的标准颗粒材料置于土工布上振筛,称量通过土工布的标准颗粒材料的质量,计算出过筛率,调换不同粒径标准颗粒材料继续重复该试验,并绘制出过筛率-标准颗粒下限粒径曲线。如在该曲线上找到对应筛余率 95%(即 1－过筛率＝95%)的标准颗粒下限粒径即为该土工织物的有效孔径 O_{95}。

试验环境的湿度对于该试验非常重要,湿度过大可能会引起标准颗粒物的黏结,湿度过低可能会在振筛过程中静电增加,因此对土工织物样品和标准物质均需调温调湿。

一般来说,要至少进行 3 组标准颗粒物的振筛,并确保所查取的筛余分数包含在过筛率-标准颗粒下限粒径曲线中。一般每组标准颗粒物的振筛需要 5 次平行试验,取其平均值作为改组的试验结果。

6. 顶破强力

顶破强力是指静态顶破试验(CBR 法)标准状态下顶压杆以恒定速率顶压试样直到击穿过程中的最大顶压力。

根据 GB/T 14800—2010,一般裁剪 5 块试样进行试验,至少得到 3 组有效数值后取其平均值作为顶破强力试验结果。

7. 拉伸性能

土工合成材料的拉伸性能是其力学性能的主要指标,也是材料内在质量的重要参考指标,根据 GB/T 15788—2005 的宽条拉伸试验方法,通常裁取宽度为 200mm 的长条形试样 5 块,并应有足够的长度以满足夹持需要,自由段长度不少于 100mm。

对于需要测定纵向和横向两个方向拉伸性能的样品,需要各裁取 5 块试样。

对于土工格栅,则不应受此限制,宽度为不低于 200mm 且为格栅宽度的整数倍,自由段长度至少包含一拍节点或交叉组织且为格栅长度的整数倍。

拉伸速率为间隔长度的(20%±5%)/min,但需要测试伸长率等指标时,应在试样中心上下各 30mm 处(初始长度为 60mm)做出标记点并固定伸长计。

拉伸试验通常需要给出三个拉伸性能指标,即拉伸强度、最大负荷下伸长率和割线模量。

8. 垂直渗透性能

垂直渗透性能是指水流垂直通过无负荷的单层土工织物平面时的渗透性能,包括流速、渗透系数、流速指数和透水率指标,有恒水头法和降水头法两种试验方法。

流速可以使用流量计测定,或者通过一定时间的水流体积计算,单位为 m/s 或 mm/s。

渗透系数是指单位水力梯度下的流速,单位为 mm/s。

流速指数为水头差为 50mm 时的流速,单位为 mm/s。

透水率则为单位水头差下的流速,单位为 1/s。

按照 GB/T 15789—2005,垂直渗透试验用仪器要保证各种水力学条件的符合,如水温 18～22℃,水流管径内径不低于 50mm,水流管径截面变化的条件等。

9. 其他

除以上指标外,土工合成材料可能还需要进行动态穿孔、刺破强力、拼接强度、平面内水流量、摩擦系数、抗紫外线性能、耐酸碱性能、抗氧化性能、抗磨损性能、蠕变性能等指标的测试,详见各类产品的国家标准中载明的试验方法。

第十五章

止 水 材 料

第一节 概 述

一、常规止水材料

止水材料的选择通常依止水结构型式而定,水利工程通常采用埋入式搭接型与嵌缝对接型两类止水结构形式。其中,埋入式搭接型是止水材料与接缝混凝土材料采用搭接形式结合在一起,是水闸、涵洞、渡槽等水工建筑物中较为常用的一种止水结构,它是将止水带埋置于接缝的两个砌体结构中。嵌缝对接型则是在接缝中嵌入止水材料,是防渗渠、渡槽、护坡面板等水工建筑物中较为常用的止水结构,它主要通过嵌填在接缝处里的填料类止水材料来达到止水目的的。

埋入式搭接型的止水材料通常可选的有 PVC 止水带、各种橡胶止水带以及铜、不锈钢止水带。

嵌缝对接型止水材料主要指伸缩缝填料,传统的填缝料有沥青油麻、沥青油毡、沥青砂浆、聚氯乙烯油膏和焦油塑料胶泥等。这些材料价格较低,具有一定的防水止水能力,在较早的防渗渠道、大坝防渗面板、小型涵洞接缝及小型水闸的伸缩缝填料应用较多。但这些材料都需要加热施工,存在因加热温度控制不当造成止水材料碳化、老化,止水失效等情况;如果混凝土侧面不干燥、不洁净时(如有泥或浮土),嵌入的填料与混凝土反黏结不牢,易从缝中拉出;另外,这类止水填料受环境影响较大,高温流淌、低温变脆,回弹能力差,难以适应砌体结构间因冷热温差造成的大幅度位移变化,造成止水带错位、扭曲,产生绕渗或止水材料破坏的结果。

二、新型止水材料

近年来,越来越多的新型止水材料在各类水利工程中被广泛采用。主要包括钢边橡胶止水带、遇水膨胀橡胶类止水材料以及密封剂类止水材料,其中密封剂类止水材料使用最为广泛。

钢边橡胶止水带的特点是止水带断面采用非等厚结构,分强力区和防水区,使各部分受力均匀,合理。当前,使用较多的一种钢边橡胶止水带是以镀锌钢带和天然橡胶原料组成而成的,橡胶主体材料为耐老化性能优良的天然橡胶及各种防老剂,具有特强的自粘性;夏季高温不流淌,冬季低温不发脆;并具有优异的耐水、耐酸碱和耐老化性能;使用寿命长,产品无毒,对环境有较好的适应性。该种止水带中的橡胶体在结构变形时被压缩、拉伸、变形,而起到密封止水作用。镀锌钢带与混凝土有着良好的黏附性,不易脱落和松动,使止水带能承受较大的拉力和扭力。

遇水膨胀橡胶止水材料是在基质橡胶的基础上,加入膨胀剂及其他填料来制备的。膨胀剂主要是一些吸水性物质,包括有机类的高吸水性树脂和无同的改性钠基膨润土。目前,在老建筑物加固改造、新老砌体结构缝处理及常用水工建筑物中使用较多的为遇水膨胀橡胶止水带,该类止水带除具有普通橡胶止水带的性能外,其主要特点是内防水线采用了具有遇水膨胀特点的特殊橡胶制成,使之遇水膨胀后增加了止水带与构筑物的紧密度,从而提高了止水防水性能,它解决了长期困扰的环绕渗漏问题。遇水膨胀橡胶止水材料特点:施工安全性,因有弹力和复原力,易适应构筑物的变形;对宽面适用性,可在各种气候和构件条件下使用;优良的环保性,耐化学介质性、耐老化性优良,不含有害物质、不污染环境。较常用的有 PZ 制品型止水条和 PN 腻子型遇水膨胀止水条。

密封剂类止水材料,多用于嵌缝对接型止水结构中。目前,市场上出现较多的高档密封剂主要有三类:聚硫、聚氨酯、有机硅类密封剂。它们一般是室温硫化剂,具有优良的力学性能及耐老化性能。其中,聚氨酯类密封剂具有优良的耐磨性和低温柔软性,性能可调节范围广,机械强度大,黏结性和弹性较好,具有优良复原性,适合动态接缝。聚氨酯密封胶还具有抗撕裂、抗穿刺,对基材不污染、耐酸碱,耐有机溶剂等特点,因此在渠道、大坝的防渗面板间的伸缩缝填料中应用较为广泛。

第二节 常用止水材料主要性能指标

一、PVC 止水带

PVC 止水带厚度宜为 6～12mm,物理力学性能应符合表 15-1 要求,PVC 止水带接头强度与母材强度之比应不小于 0.8。

表 15-1   PVC 止水带物理力学性能(DL/T 5215—2005)

项 目		指 标
拉伸强度/MPa		≥14
扯断伸长率		≥300%
硬度(邵尔 A)/度		≥65
低温弯折/℃		≤−20
热空气老化 70℃×168h	拉伸强度/MPa	≥12
	扯断伸长率	≥280%
耐碱性 10% Ca(OH)$_2$ 常温,(23±2)℃×168h	拉伸强度保持率	≥80%
	断裂伸长率保持率	≥80%

二、橡胶止水带

橡胶止水带厚度宜为 6～12mm,尺寸公差及物理力学性能应符合表 15-2 要求,橡胶止水带接头强度与母材强度之比应不小于 0.6。

表 15-2　　橡胶止水带物理力学性能

(GB 18173.2—2014,DL/T 5215—2005)

序号	项目			指　标			
				B	S	J	
						JX	JY
1	尺寸公差	厚度/mm δ	4≤δ≤6	+1.000	+1.000	+1.000	
			6<δ≤10	+1.300	+1.300	+1.300	
			10<δ≤20	+2.000	+2.000	+2.000	
			δ>20	+10%0	+10%0	+10%0	
			δ≤160				±1.50
			160<δ≤300				±2.00
			δ>300				±2.50
		宽度 b		±3%	±3%	±3%	
			<300				±2%
			≥300				±2.5%
2	硬度(邵尔 A)/度			60±5	60±5	60±5	
3	拉伸强度/MPa　≥			15	12	10	
4	扯断伸长率　≥			380%	380%	300%	
5	压缩永久变形	70℃×24h　≤		35%	35%	35%	
		23℃×168h　≤		20%	20%	20%	
6	撕裂强度/(kN/m)　≥			30	25	25	
7	脆性温度/℃　≤			−45	−40	−40	

序号	项目		指标			
			B	S	J	
					JX	JY
8	热空气老化	70℃×168h	硬度变化(邵尔A)/度 ≤	+8	+8	—	
			拉伸强度/MPa≤	12	10		
			扯断伸长率 ≥	300%	300%		
		100℃×168h	硬度变化(邵尔A)/度	—	—	≤+8	
			拉伸强度/MPa			≥9	
			扯断伸长率			≥250%	
9	臭氧老化 $50×10^{-8}$：20%，48h			2级	2级	0级	
10	橡胶与金属黏合			断面在弹性体内			

注：1. B为适用于变形缝的止水带，S为适用于施工缝的止水带，J为适用于有特殊耐老化性能的止水带。

2. 橡胶与金属黏合项仅适用于钢边止水带。

3. 若对止水带防霉性能有要求时，应考虑霉菌试验，且其防毒性能应等于或高于2级。

4. 试验方法按照GB 18173.2执行。

三、铜止水带

使用铜带加工止水带时，抗拉强度应不小于205MPa，伸长率应不小于20%，常用铜止水带牌号、状态及规格应符合表15-3要求，外形尺寸应符合表15-4要求，力学性能应符合表15-5要求。铜止水带厚度宜为0.8~1.2mm，其接头强度与母材强度之比应不小于0.7。

表15-3 常用铜止水带牌号、状态及规格（GB/T 2059—2008）

牌号	状态	厚度/mm	宽度/mm
T2、T3、TU1、TU2 TP1、TP2	软(M)、1/4硬(Y4)、半硬(Y2)、硬(Y)、特硬(T)	>0.15~<0.50	≤600
		0.50~3.0	≤1200

表 15-4　　　　常用铜止水带外形尺寸(GB/T 17793—2010)

（单位：mm）

厚度	宽度									
	≤200		>200~300		>300~400		>400~700		>700~1200	
	厚度允许偏差,±									
	普通级	高级	普通级	高级	普通级	高级	普通级	高级	普通级	高级
>0.15~0.25	0.015	0.010	0.020	0.015	0.020	0.015	0.030	0.025	—	—
>0.25~0.35	0.020	0.015	0.025	0.020	0.030	0.025	0.040	0.030	—	—
>0.35~0.50	0.025	0.020	0.030	0.025	0.035	0.030	0.050	0.040	0.060	0.050
>0.50~0.80	0.030	0.025	0.040	0.030	0.040	0.035	0.060	0.050	0.070	0.060
>0.80~1.20	0.040	0.030	0.050	0.040	0.050	0.040	0.070	0.060	0.080	0.070
>1.20~2.00	0.050	0.040	0.060	0.050	0.060	0.050	0.080	0.070	0.100	0.080
>2.00~3.00	0.060	0.050	0.070	0.060	0.080	0.070	0.100	0.080	0.120	0.100

注：当要求单向允许偏差时，其值为表中数值的 2 倍。

表 15-5　常用铜止水带外形尺寸及力学性能（GB/T 2059—2008）

序号	项　目		T2、T3、TU1、TU2、TP1、TP2				
			M	Y_4	Y_2	Y	T
1	拉伸试验	厚度/mm	≥0.2				
		抗拉强度 R_m /(N/mm²)	≥195	215～275	245～345	295～380	≥350
		断后伸长率 $A_{11.3}$	≥30%	≥25%	≥8%	≥3%	—
2	硬度	维氏硬度/HV	≤70	60～90	80～110	90～120	≥110
3	弯曲试验	厚度/mm	≤2		≤2	≤2	
		弯曲角度/℃	180		180	180	
		内侧半径	紧密贴合		1 倍带厚	1.5 倍带厚	

注：拉伸试验、硬度任选其一，作特别说明时，提供拉伸试验。

四、遇水膨胀橡胶止水材料

遇水膨胀橡胶分为制品型（PZ）和腻子型（PN），其尺寸偏差应符合表 15-6 要求，物理力学性能见表 15-7、表 15-8。

表 15-6　遇水膨胀橡胶止水材料尺寸偏差（GB 18173.3—2014）

规格尺寸/mm	≤5	>5～10	>10～30	>30～60	>60～150	>150
极限偏差/mm	±0.5	±1.0	+1.5 −1.0	+3.0 −2.0	+4.0 −3.0	+4.0 −3.0

注：其他规格制品尺寸公差由供需双方协商确定。

表 15-7　制品型膨胀橡胶胶料物理性能（GB 18173.3—2014）

项　目	指　标			
	PZ-150	PZ-250	PZ-400	PZ-600
硬度（邵尔 A）/度	42±10		45±10	48±10
拉伸强度/MPa　≥	3.5		3	
扯断伸长率　≥	450%		350%	
体积膨胀倍率　≥	150%	250%	400%	600%

项　目		指　标			
		PZ-150	PZ-250	PZ-400	PZ-600
反复浸水试验	拉伸强度/MPa　≥	3		2	
	扯断伸长率　≥	350%		250%	
	体积膨胀倍率　≥	150%	250%	300%	500%
低温弯折(−20℃×2h)		无裂纹			

注：成品切片测试拉伸强度、拉断伸长率应达到本标准的80%，接头部分的拉伸强度、拉断伸长率应达到本标准的50%。

表 15-8　制品型膨胀橡胶胶料物理性能（GB 18173.3—2014）

项　目	指　标		
	PN-150	PN-220	PN-300
体积膨胀倍率　≥	150%	220%	300%
高温流淌性(80℃×5h)	无流淌	无流淌	无流淌
低温试验(−20℃×2h)	无脆裂	无脆裂	无脆裂

五、嵌缝密封止水材料

嵌缝密封止水材料分为嵌缝止水条和柔性填料，其物理力学性能及复合性能应符合表 15-9 要求。

表 15-9　嵌缝密封止水材料物理力学性能（DL/T 949—2005）

序号	项　目			指　标	
				嵌缝止水条	柔性填料
1	浸泡质量损失率常温×3600h	水		≤2%	≤2%
		Ca(OH)₂常温		≤2%	≤2%
		10%Nacl 溶液		≤2%	≤2%
2	拉伸黏结性能	常温、干燥	断裂伸长率	≥300%	≥125%
			黏结性能	不破坏	不破坏
		常温、浸泡	断裂伸长率	≥300%	≥125%
			黏结性能	不破坏	不破坏
		低温、干燥	断裂伸长率	≥200%	≥50%
			黏结性能	不破坏	不破坏

序号	项　目		指　标	
			嵌缝止水条	柔性填料
2	拉伸黏结性能	300 次冻融循环 断裂伸长率	≥300%	≥125%
		300 次冻融循环 黏结性能	不破坏	不破坏
3	流动止水长度/mm			≥130
4	流淌值(下垂度)/mm		≤2	≤2
5	施工度(针入度)/(1/10mm)		≥70	≥100
6	密度/(g/cm³)		≥1.15	

注 1. 常温指(23±2)℃。

2. 低温指(-20±2)℃。

3. 气温温和地区可以不做低温试验、冻融循环试验。

第三节　检验依据及检验规则

一、检验依据

常用止水材料检验依据和评定标准见表 15-10。

表 15-10　常用止水材料检验依据和评定标准

序号	材料名称	检验依据	评定标准
1	PVC 止水带	GB/T 1040.2—2006 GB 2411—2008 GB 18173.1—2012 GB/T 1690—2010	DL/T 5215—2005
2	橡胶止水带	GB 18173.2—2014	DL/T 5215—2005
3	铜止水带	GB/T 228—2010 GB/T 230.1—2009 GB/T 232—2010	DL/T 5215—2005 GB/T 2059—2008 GB/T 17793—2010
4	遇水膨胀橡胶	GB/T 528—2009 GB/T 531.1—2008 GB/T 2941—2006	GB 18173.3—2014

序号	材料名称	检验依据	评定标准
5	嵌缝密封止水材料	DL/T 949—2005 GB/T 13477.8—2002 GB/T 4509—2010 GB 1033—2008 GB/T 279—1995 GB/T 2790—1995	DL/T 949—2005

二、常用止水材料检验规则

常用止水材料检验规则见表 15-11。

表 15-11 常用止水材料检验规则

序号	材料名称	参考标准	抽样原则	抽检频次
1	PVC止水带	DL/T 5215—2005	同一生产厂、同标记产品为一批	每批次至少应抽检一次
2	橡胶止水带	GB 18173.2—2014	B类、S类止水带以同标记、连续生产的5000m为一批(不足5000m)按5000m计,从外观质量和尺寸公差检验合格的样品中随机抽取足够的试样,进行材料的物理性能检验;J类止水带以100m制品所需要的胶料为一批,抽取足够胶料单独进行橡胶材料的物理性能检验	尺寸公差、外观质量、硬度、拉伸强度、拉断伸长率、撕裂强度每批抽检一次,臭氧老化每年至少抽检一次,脆性温度每半年至少抽检一次;压缩永久变形、热空气老化、橡胶与金属结合性能(适用与钢边复合的FG止水带)每季度进行一次检验
3	铜止水带	GB/T 2059—2008	每批重量应不大于3500kg(如该批为同一熔次,则批次可不大于6000kg)	外形尺寸、力学性能每批次至少应抽检一次

序号	材料名称	参考标准	抽样原则	抽检频次
4	遇水膨胀橡胶止水材料	GB 18173.3—2014	以 1000m 或 5t 同标记的遇水膨胀橡胶为一批,抽取 1% 进行外观质量检验,并在任意 1m 处随机取 3 点进行规格尺寸检验(腻子型除外);在上述检验合格的样品中随机抽取足够的试样,进行物理性能检验	对制品型遇水膨胀橡胶的尺寸公差、外观质量、硬度、拉伸强度、拉断伸长率、体积膨胀率按批次进行检验;对腻子型遇水膨胀橡胶的体积膨胀倍率按批次进行检验
5	嵌缝密封止水材料	DL/T 949—2005	嵌缝密封材料以同种标号的产品 20t 为一批,不足 20t 者也可作为一批	施工度、拉伸黏结性能(常温、干燥)以及密度每批次至少应抽检一次;70m 以上的面板堆石坝在嵌缝密封材料施工前所有项目必须进行检验

第十六章

填 筑 土 料

第一节 土 的 工 程 分 类

《土工试验规程》(SL 237—1999)将工程用土分为一般土和特殊土两大类。

一、一般土

一般土按不同粒组的相对含量可分为巨粒土、粗粒土、细粒土。粒组划分标准具体见表 16-1。

表 16-1　　　　　　　　　土的粒组划分

粒组统称	粒组划分		粒径(d)的范围/mm
巨粒组	漂石(块石)组		$d > 200$
	卵石(碎石)组		$200 \geqslant d > 60$
粗粒组	砾粒(角砾)	粗砾	$60 \geqslant d > 20$
		中砾	$20 \geqslant d > 5$
		细砾	$5 \geqslant d > 2$
	砂砾	粗砂	$2 \geqslant d > 0.5$
		中砂	$0.5 \geqslant d > 0.25$
		细砂	$0.25 \geqslant d > 0.075$
细粒组	粉粒		$0.075 \geqslant d > 0.005$
	黏粒		$d \leqslant 0.005$

1. 巨粒土和含巨粒土的分类和定名

巨粒土和含巨粒土的分类和定名见表 16-2。

表 16-2 　　　巨粒土和含巨粒土的分类和定名

土　类	粒组含量		土代号	图名称
巨粒土	巨粒含量≥75%	漂石粒含量>50%	B	漂石
		漂石粒含量≤50%	C_b	卵石
混合巨粒土	50%<巨粒含量<75%	漂石粒含量>50%	BSI	混合土漂石
		漂石粒含量≤50%	C_bSI	混合土卵石
巨粒混合土	15%≤巨粒含量≤50%	漂石粒含量>卵石含量	SIB	漂石混合土
		漂石粒含量≤卵石含量	SIC_b	卵石混合土

　　试样中巨粒组质量小于总质量 15% 的土,可扣除巨粒,按粗粒土或细粒土的相应规定分类、命名。

　　2. 粗粒土的分类和定名

　　(1)粗粒土的分类和定名见表 16-3。

表 16-3　　　　　　　粗粒土的分类

土　类	粒组含量		土名称
粗粒类土	粗粒含量	>50%	粗粒类土
	砾粒含量	>50%	砾类土
		≤50%	砂类土

　　(2)砾类土的分类和定名见表 16-4。

表 16-4　　　　　　　砾类土的分类和定名

土　类	粒组含量		土代号	土名称
砾	细粒含量<5%	级配:C_u≥5 C_c=1~3	GW	级配良好砾
		级配:不同时满足上述要求	GP	级配不良砾
含细粒土砾	细粒含量 5%~15%		GF	含细粒土砾
细粒土质砾	15%<细粒含量≤50%	细粒为黏土	GC	黏土质砾
		细粒为粉土	GM	粉土质砾

　　注:表中细粒土质砾类土,应按照细粒土在塑性图中的位置定名。

（3）砂类土分类和定名见表 16-5。

表 16-5　　　　　　砂类土分类和定名

土　类	粒组含量		土代号	土名称
砾	细粒含量<5%	级配:$C_u \geqslant 5$ $C_c = 1 \sim 3$	SW	级配良好砂
		级配:不同时满足 上述要求	SP	级配不良砂
含细粒土砂	细粒含量 5%～15%		SF	含细粒土砂
细粒土质砾	15%<细粒 含量≤50%	细粒为黏土	SC	黏土质砂
		细粒为粉土	SM	粉土质砂

注：表中细粒土质砂类土，应按照细粒土在塑性图中的位置定名。

（4）细粒土分类和定名：

试样中细粒组质量大于或等于总质量 50% 的土称细粒类土。

1）细粒类土应按下列规定划分：

① 试样中粗粒组小于总质量 25% 的土称细粒土。

② 试样中粗粒组质量为总质量的 25%～50% 的土称含粗粒的细粒土。

③ 试样中含有部分有机质（有机质含量 5%≤O_u≤10%）的土称有机质土。

细粒土应根据塑性图分类。塑性图的横坐标为土的液限（W_L）纵坐标为土的塑性指数（I_P）。塑性图中有 A、B 两条界限线。

① A 线方程式：$I_P = 0.73(W_L - 20)$。A 线上侧为黏土，下侧为粉土。

② B 线方程式：$W_L = 50$。$W_L > 50$ 为高液限，$W_L < 50$ 为低液限。

塑性图见图 16-1。

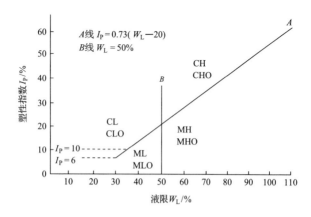

图 16-1　塑性图

2）细粒土的类别和定名见表 16-6。

表 16-6　　　　　细粒土的分类和定名

土的塑性指标在塑性图中的位置		土代号	土名称
塑性指数（I_P）	液限（W_L）		
$I_P \geqslant 0.73(W_L-20)$ 和 $I_P \geqslant 10$	$W_L \geqslant 50\%$	CH	高液限黏土
	$W_L < 50\%$	CL	低液限黏土
$I_P < 0.73(W_L-20)$ 和 $I_P < 10$	$W_L \geqslant 50\%$	MH	高液限粉土
	$W_L < 50\%$	ML	低液限粉土

3. 含粗粒土的细粒土的定名

含粗粒土的细粒土先按细粒土在塑性图中位置定名，再按下列规定最终定名：

（1）粗粒土中砾粒占优势，称含砾细粒土，应在细粒土名代号后缀以代号 G，如 CHG-含砾高液限黏土。

（2）粗粒中砂粒占优势，称含砂细粒土，应在细粒土代号后缀以代号 S，如 CHS-含砂高液限黏土。

（3）有机质土先按细粒土在塑性图中位置定名，在各相应土类代号之后缀以代号 O，如 CHO-有机质高液限黏土。

二、特殊土

特殊土主要包括黄土、膨胀土、红黏土等。

（1）黄土、膨胀土、红黏土等特殊土类在塑性土中的基本位置见图 16-2。

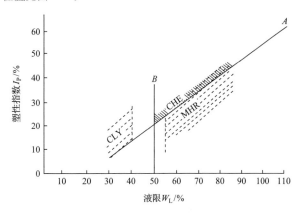

图 16-2　特殊土塑性图

其初步判定见表 16-7。

表 16-7　　　　黄土、膨胀土、红黏土的初步判别

土的塑性指标在塑性图中的位置		土代号	土名称
塑性指数（I_P）	液限（W_L）		
$I_P \geqslant 0.73(W_L-20)$	$W_L<40\%$	CLY	低液限黏土（黄土）
	$W_L>50\%$	CHE	高液限黏土（膨胀土）
$I_P<0.73(W_L-20)$	$W_L>55\%$	MHR	高液限粉土（红黏土）

第二节　技　术　要　求

一、土石坝

1. 土石坝的分类

土石坝分为土坝、堆石坝、土石混合坝。

2. 筑坝材料的品质要求

(1) 防渗体材料：

1) 防渗土料。防渗土料碾压后应满足下列要求：

① 渗透系数：均质坝，不大于 1×10^{-4} cm/s；心墙和斜墙，不大于 1×10^{-5} cm/s。

② 水溶盐含量(指易溶盐和中溶盐，按质量计)不大于 3%。

③ 有机质含量(按质量计)：均质坝，不大于 5%；心墙和斜墙，不大于 2%。

④ 有较好的塑性和渗透稳定性。

⑤ 浸水与失水时体积变化小。

如有不满足时，从满足渗流、稳定、变形要求等方面进行专门论证。

2) 砾石土。用于填筑防渗体的砾石土(包括人工掺合砾石土)粒径满足下列要求：

粒径大于 5mm 的颗粒含量不宜超过 50%，最大粒径不宜大于 150mm 或铺土厚度的 2/3，0.075mm 以下的颗粒含量不应小于 15%，且 <0.005mm 的颗粒含量不宜小于 8%。当 <0.005mm 的颗粒含量小于 8% 时，应作专门论证。

3) 当采用以下几种黏性土作为坝的防渗体填筑料时，应进行专门论证，并根据其特性采取相应的措施：

① 塑性指数大于 20 和液限大于 40% 的冲击黏土；

② 膨胀土；

③ 开挖、压实困难的干硬黏土；

④ 冻土；

⑤ 分散性黏土。

4) 红黏土可用作坝的防渗体。用作高坝时，应对其压缩性进行论证。

5) 当采用含有可压碎的风化岩石或含有软岩的砾石土作防渗料时，应按碾压后的级配状况确定其物理力学参数。

6) 用膨胀土作为土石坝防渗料时，填筑含水量应采用最优含水率的湿侧，并应有足够的非膨胀土盖重层，使盖重层产生的约束应力足以制约其膨胀性。

（2）反滤料、垫层料、过渡层料和排水体料：

① 质地致密，抗水性和抗风化性能满足工程运用条件的要求；

② 满足要求的级配，且粒径小于 0.075mm 的颗粒含量不宜超过 5%；

③ 满足要求的透水性。

（3）坝壳料：

1）在下游坝壳的水下部位和上游坝壳的水位变动区，宜采用透水料填筑；

2）应具有较高的抗剪强度。

（4）坝体填筑的技术要求：

1）黏土的压实度应符合下列要求：

① 1 级、2 级坝和高坝的压实度应不小于 98%～100%；

② 3 级及其以下的坝（高坝除外）压实度应不小于 96%～98%；

③ 对高坝如采用重型击实试验，压实度可适当降低，但不低于 95%。

2）砂砾石和砂的填筑标准应以相对密度为设计控制指标，并应符合下列要求：

① 砂砾石的相对密度不应低于 0.75，砂的相对密度不应低于 0.7，反滤料宜为 0.70 以上；

② 砂砾石中粗粒料含量小于 50% 时，应保证细料（小于 5mm 的颗粒）的相对密度符合上述要求；

③ 地震区的相对密度设计标准应符合《水电工程水工建筑物抗震设计规范》（NB 35047—2015）的规定；

④ 对砂砾石料，应按本条相对密度要求分别提出不同含砾量的压实干密度作为填筑碾压控制标准。

3）堆石的填筑碾压标准宜用孔隙率为设计控制指标，并应符合下列要求：

① 土质防渗体分区坝和沥青混凝土心墙坝、沥青混凝土面板坝的堆石料的孔隙率可按已有类似工程经验在 20%

～28％间选取，必要时由碾压实验确定。采用软岩、风化岩石筑坝时，孔隙率应根据坝体变形、应力及抗剪强度等要求确定。

② 设计地震烈度为Ⅷ度、Ⅸ度的地区，可取上述孔隙率的小值。

二、堤防工程

1. 筑堤材料的品质要求

(1) 均质土堤的土料宜选用黏粒含量为 10％～35％，塑性指数为 7～20 的黏性土，且不得含植物根茎、砖瓦垃圾等杂质；填筑土料含水率与最优含水率的允许偏差为±3％；铺盖、心墙、斜墙等防渗体宜选用防渗性能好的土；堤后盖重宜选用砂性土。

(2) 砌墙及护坡的石料应质地坚硬，冻融损失率应小于1％，石料外形应规整，边长比宜小于 4。护坡石料粒径应满足抗冲要求，填筑石料最大粒径应满足施工要求。

(3) 垫层和反滤层的砂砾料宜为连续级配、耐风化、水稳定性好。砂砾料用于反滤时含泥量宜小于 10％。

(4) 下列土不宜作堤身填筑土料，当需要时，应采取相应的处理措施：

1) 淤泥类土、天然含水率不符合要求或黏粒含量过多的黏土。

2) 冻土块、杂填土。

3) 水稳定性差的膨胀土、分散性土等。

2. 土料填筑的技术要求

(1) 黏性土土堤的填筑标准应按压实度确定，压实度值应符合下列规定：

1) 1 级堤防不应小于 0.95。

2) 2 级和堤身高度不低于 6m 的 3 级堤防不应小于 0.93。

3) 堤身高度低于 6m 的 3 级及 3 级以下堤防不应小于 0.91。

(2) 无黏性土土堤的填筑标准应按相对密度确定，1 级、2 级和堤身高度不低于 6m 的 3 级堤防不应小于 0.65，堤身高度低于 6m 的 3 级及 3 级以下堤防不应小于 0.60。有抗震要求的堤防应按现行行业标准《水工建筑物抗震设计规范》(SL 203—1997)的有关规定执行。

(3) 用石渣料作堤身填料时,其固体体积率宜大于 76%,相对孔隙率不宜大于 24%。

三、渠道

1. 防渗材料的技术要求

(1) 砂的技术要求见表 16-8。

表 16-8　　　　　　　　　砂的技术要求

项　目		混凝土用砂		沥青混凝土用砂	
		天然砂	人工砂	天然砂	人工砂
含泥量	不小于 $C_{90}30$ 和有抗冻要求	≤3%	——	≤2%	≤2%
	小于 $C_{90}30$	≤5%			
泥块含量		不允许	不允许	不允许	不允许
石粉含量		——	6%～8%	<5%	
坚固性	有抗冻要求	≤8%	≤8%	≤10%	≤10%
	无抗冻要求	≤10%	≤10%	≤15%	≤15%
云母含量		≤2%	≤2%	≤2%	
表观密度/(kg/m³)		≥2500	≥2500	≥2500	≥2500
清物质含量		≤1%		≤1%	
硫化物级硫酸盐含量(折算成 SO_3 含量,按质量计)		≤1%	≤1%		
有机质含量		浅于标准色	不允许	不允许	不允许
水稳定等级		——		>4 级	>4 级

(2) 砂砾料。砂砾料用作膜料防渗护层时,砂砾料的级配宜符合图 16-3 的范围,砂砾料的最大粒径宜为 75～150mm。

(3) 石料。石料应洁净、坚硬、无风化剥脱或裂纹,并应根据不同防渗结构,分别符合下列要求:

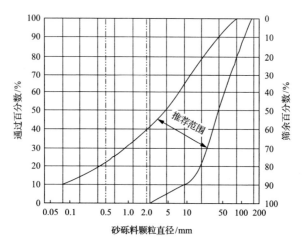

图 16-3　砂砾石保护层的级配

1）宜采用外形方正、表面凹凸不大于 10mm 的料石；

2）宜采用上下面平整、无尖角薄边、块重不小于 20kg 的块石；

3）宜采用长径不小于 20cm 的卵石；

4）宜采用矩形、表面平整、厚度不小于 30cm 的石板等。

（4）混凝土或膜料。混凝土防渗结构或薄膜防渗结构的混凝土保护层，应采用级配良好、抗压强度大于混凝土强度 1.5 倍的石料，并应符合表 16-9 的规定。石料的最大粒径不应超过素混凝土板厚的 1/3～1/2，当选用含有活性成分的石料时，应进行专门试验论证。

表 16-9　　　　混凝土选用石料的质量要求

项　目		指　标	备　注
含泥量	D20、D40 粒径级	≤1%	—
	D80、D150（D120）粒径级	≤0.5%	
坚固性		≤5%	有抗冻要求的混凝土
		≤12%	无抗冻要求的混凝土

项　目	指　标	备　注
泥块含量	不允许	——
硫酸盐及硫化物含量	≤0.5%	折算成 SO_3，按质量计
有机质含量	浅于标准色	如深于标准色，应进行混凝土强度对比试验，抗压强度比不应低于 0.95
表观密度/(kg/m³)	≥2550	——
吸水率	≤2.5%	——
针片状颗粒含量	≤15%	碎石经试验论证，可以放宽到 25%
各级骨料的超、逊径含量	超径小于 5%；逊径小于 10%	以原孔筛检验

（5）沥青混凝土防渗。宜采用碱性的碎石，并应符合表 16-10 的规定。碎石的最大粒径不应超过压实后沥青混凝土铺筑层厚度的 1/3，且不应大于 25mm。当采用酸性石料时，应作改性处理，并应符合表 16-10 的规定。当用天然卵石加工碎石时，卵石粒径宜为碎石最大粒径的 3 倍以上，当采用小卵石或砾石时，应通过实验论证。

表 16-10　　　沥青混凝土用石料质量要求

项　目	技术指标
坚固性（硫酸钠法）	>12%
吸水率	≤3%
表观密度/(kg/m³)	≥2500
超、逊径含量	超径小于 5%；逊径小于 10%
针片状含量	≤10%
含泥量	<0.5%
有机质含量	不允许
与沥青的黏附性	>4 级

（6）采用塑膜等其他防渗方式。采用塑膜防渗的，其塑膜质量应符合表 16-11 的规定。

表 16-11 **塑膜的质量要求**

技术项目	聚乙烯	聚氯乙烯
密度/(kg/cm³)	≥900	1250~1350
断裂拉伸强度/MPa	≥12	纵不小于 15,横不小于 13
断裂伸长率	≥300%	纵不小于 220%,横不小于 200%
撕裂强度/(kN/m)	≥40	≥40
渗透系数/(cm/s)	<10⁻¹¹	<10⁻¹¹
低温弯折性	−35℃无裂纹	−20℃无裂纹
−70℃低温冲击脆化性能	通过	——

采用沥青玻璃纤维布油毡应厚度均匀,并应无漏涂、划痕、折裂、气泡及针孔,气温在 0~40℃下易展开,其质量应符合表 16-12 规定。

表 16-12 **沥青玻璃纤维布油毡的质量要求**

项 目	技术指标
单位面积涂盖材料重量/(g/m²)	≥500
不透水性(动水压法,保持 15min)/MPa	≥0.3
吸水性(24h,18℃)/(g/100cm²)	≤0.1
耐热度(80℃,加热 5h)	涂盖无滑动,不起泡
抗剥离性(剥离面积)	≤2/3
柔度(0℃下,绕直径 20mm 圆棒)	无裂纹
拉力(18℃±2℃下的纵向拉力)/(kgf/2.5cm)①	≥54.0

注：① 1kgf/2.5cm=9.8N/2.5cm。

采用钠基膨润土防水毯,表面平整、厚度均匀,并应无破洞、破边、残留断针,针刺应均匀,使用的膨润土应为钠基膨润土,粒径为 0.2~2mm 颗粒含量应大于等于 80%,其物理力学性能应符合表 16-13 的规定。

表 16-13   钠基膨润土防水毯的质量要求

项 目		技术指标		
		GCL-NP	GCL-OF	GCL-AH
单位面积质量 /(g/cm²)	天然钠基	≥3800	≥3800	≥3800
	人工钠化	≥4800	≥4800	≥4800
膨润土膨胀指数/(ml/2g)		≥24	≥24	≥24
吸蓝量/(g/100g)		≥30	≥30	≥30
拉伸强度/(N/100mm)		≥600	≥700	≥600
最大负荷下伸长率		≥10%	≥10%	≥8%
剥离强度 /(N/100mm)	非织造布与 编织布	≥40	≥40	——
	PE 膜与 非织造布	——	≥30	——
渗透系数/(mm/s)		≤5×10⁻¹¹	≤5×10⁻¹²	≤1×10⁻¹²
耐静水压		0.4MPa,1h, 无渗漏	0.6MPa,1h, 无渗漏	0.6MPa,1h, 无渗漏
滤失量/ml		≤18	≤18	≤18
膨润土耐久性/(ml/2g)		≥20	≥20	≥20

第三节　检验依据及取样规则

一、检验依据

《土工试验规程》(SL 237—1999)；

《堤防工程施工规范》(SL 260—2014)；

《渠道防渗工程技术规范》(SL 18—2004)；

《渠道防渗工程技术规范》(GB/T 50600—2010)；

《公路土工试验规程》(JTG E40—2007)；

《水利水电工程单元工程施工质量验收评定标准——堤防工程》(SL 634—2012)；

《碾压式土石坝设计规范》(DL/T 5395—2007)；

《碾压式土石坝设计规范》(SL 274—2001)。

二、检验步骤

不论堤防土料填筑还是土石坝或挡水围堰的填筑,其检验步骤分为如下几点:

(1)料场土料的检验。开工前要对拟定料场储备料进行品质检验,与设计或规范要求进行对比,看是否满足相关技术要求。

(2)现场碾压工艺性试验。在回填前对符合相关技术要求的料场土料进行现场碾压工艺性试验,以确定合理的施工机械以及施工方式。

(3)现场回填土料取样检验。

三、取样规则

1. 堤防碾压填筑

(1)取样部位应有代表性,且应在作业面上均匀分布,不允许随意挑选;特殊情况下取样应加注明并有记录。

(2)应在压实层厚的下部 1/3 处取样,若下部 1/3 的厚度不足环刀高时,以环刀底面达下层顶面时环刀取满土样为准,并记录相应压实层厚度。

(3)取样数量:

每次检测的施工作业面不宜过小,机械填筑时不宜小于 600m²,人工筑堤或老堤加高培厚时不宜小于 300m²。

每层取样数量:自检时可控制在填筑量每 100～150m³ 取样一组,且至少应有 3 组。特别狭长的堤防加固作业面取样时可控制在每 20～30m 堤段取样一组。若作业面或局部返工部位按填筑量计算的取样数量不足 3 组时,也应取样 3 组。

砂砾(卵)料压实质量检测的取样数量,由监理单位组织有关单位确定。

黏土防渗体的压实质量每层取样数可控制在 100m³ 左右取样 1 组,但不应少于 3 组。

2. 土料吹填填筑

每次吹填层厚达 1m 左右时,应对吹填土表层的初期干密度和强度检测 1 次;黏土团块吹填层厚 1.5～1.8m 时,应采取探坑取样法对其初期干密度和强度检测 1 次。

吹填土质量检测，可在 50m 堤长范围内，每次检测干密度样 3～4 组，抗剪强度样 1 组。

3. 碾压式土石坝

芯墙黏土击实土料及分析试验每次最少取土样 20kg，粒径小于 5mm 的坝壳料相对密度试验每次最少取样 5kg，粒径大于 5mm 的坝壳料相对密度试验每次最少取样 50kg。

取样部位应有代表性，且应在作业面上均匀分布，不允许随意挑选；特殊情况下取样应加注明并有记录。

应在压实层厚的下部 1/3 处取样，对于黏土芯墙，若下部 1/3 的厚度不足环刀高时，以环刀底面达下层顶面时环刀取满土样为准，对于坝壳料，采用灌砂或灌水法检测时，应在压实层厚的 1/3 处取样。

每层取样数量：自检时可控制在填筑量每 100～150m³ 取样一个点，且至少应有 3 组。

4. 渠道

渠道土方填筑取样规则及取样数量同堤防填筑，砂、石取样规则及数量同前面砂石骨料章节。

薄膜、纤维布油毡、防水毯等为 10000m² 取样一组。

参 考 文 献

[1] 朋改非. 土木工程材料. 武汉:华中科技大学出版社,2008.

[2] 王松成,林丽娟. 建筑材料(第二版). 北京:科学出版社,2012.

[3] 牛光庭,李亚杰. 建筑材料(第三版). 武汉:水电电力出版社,1993.

[4] 冯浩,朱清江. 混凝土外加剂工程应用手则(第二版). 北京:中国建筑工业出版社,2005.

[5] 江苏省建设工程质量监督总站. 建筑安装工程与建筑智能检测. 北京:中国建筑工业出版社,2010.

[6] 肖立光,张学建. 土木工程材料. 北京:化学工业出版社,2013.

[7] 徐超,邢皓枫. 土工合成材料. 北京:机械工业出版社,2010.

内容提要

本书是《水利水电工程施工实用手册》丛书之《建筑材料与检测》分册,以国家现行建设工程标准、规范、规程为依据,结合编者多年工程实践经验编纂而成。全书共 16 章,内容包括:绪论,水泥,气硬性胶凝材料,掺合料,外加剂,骨料,混凝土拌和用水,混凝土,砂浆,混凝土用钢材,沥青与聚合物改性沥青,砖、砌块、砌石,塑料管材,土工合成材料,止水材料,填筑土料等。

本书适合水利水电施工一线工程技术人员、操作人员使用。可作为水利水电质量管理与质量检测人员的培训教材,亦可作为大专院校相关专业师生的参考资料。

《水利水电工程施工实用手册》